Projektmanagement im Einkauf

Wolfgang L. Werner/Georg Kraus

Projektmanagement im Einkauf

Kosten- und Leistungspotenziale ausschöpfen

Deutscher Betriebswirte-Verlag, Gernsbach

Bibliografische Informationen der Deutschen Bibliothek
Die Deutsche Bibliothek verzeichnet diese Publikationen in der Deutschen
Nationalbibliografie; detaillierte bibliografische Daten sind im Internet unter
http://dnb.ddb.de/ abrufbar

© Deutscher Betriebswirte-Verlag GmbH, Gernsbach 2008
Umschlaggestaltung: Deutscher Betriebswirte-Verlag GmbH, Gernsbach
Satz: Claudia Wild, Stuttgart
Druck: AZ Druck und Datentechnik GmbH, Kempten
ISBN: 978-3-88640-132-1

Inhaltsverzeichnis

1. Vorwort

Projektmanagement ist heute mehr als nur ein Modebegriff. In fast allen Unternehmen werden Projekte durchgeführt. Und in der Zwischenzeit ist der Einkauf einer der am häufigsten involvierten Funktionen, um eine professionelle Wertschöpfung durch die Einbindung externer Lieferanten zu sichern bzw. sogar weiter auszubauen.

Dabei werden einerseits an die Projektleiter, die eine Art von Manager auf Zeit repräsentieren, sehr hohe Anforderungen gestellt werden. Denn die mit dieser Stellung verbundenen Aufgaben sind immer neu und komplex. Eine besondere Schwierigkeit liegt zudem darin, dass die Projektleiter in der Regel nur einen „zusammen gewürfelten Haufen" von Mitarbeitern zur Verfügung haben, die aus verschiedenen Bereichen oder gar Unternehmen kommen, unterschiedliche Interessen verfolgen („Politik" betreiben), meistens (zu) wenig Zeit für die Projektaufgaben erübrigen können und noch nicht als Team „funktionieren".

Aber auch an die Projektteammitglieder sind hohe Erwartungen gerichtet. Sie sollen in z. T. völlig neuen Arbeitskonstellationen Aufgaben lösen, mit denen sie sich in der vorliegenden Art noch nie oder nicht intensiv befasst haben. Sie werden mit Unbekanntem konfrontiert, haben in einer Arbeitsgruppe zu wirken, in der sie noch nie gearbeitet haben und sollen Ziele verfolgen, die nicht ihre sind.

Ein weiteres Problem liegt darin, dass Projekte meistens „ungeliebte Kinder" der Linienorganisation sind und auch so behandelt werden. Schwierigkeiten im zwischenmenschlichen Bereich mit allen bekannten Politik- und Machtfragen sind somit vorgezeichnet.

Die Erfahrungen, die wir in Trainings- und Projektberatungssituationen in Groß- und Mittelbetrieben sammeln konnten, haben uns veranlasst, das gesamte Spektrum des Projektmanagements zu beleuchten und unsere Erkenntnisse beim Bearbeiten von Projekten komprimiert niederzuschreiben.

Projektleiter und Teammitglieder suchen vielfach Orientierungshilfen, um komplexe und wenig bekannte Aufgabenstellungen transparenter und beherrschbarer machen zu können. Des Weiteren möchten sie Techniken kennen lernen, die es ermöglichen, Projekte sicher und erfolgreich zu managen.

Projektmanagement wird zwar von fast allen Unternehmen als wichtige Organisations-, Methoden- und Managementform genannt, ist aber meistens nicht mit dem notwendigen Stellenwert verankert. Die vielen Unbekannten, mit denen man beim Projektmanagement leben muss, sind sicher ein Grund dafür, dass viele Manager diesem Thema sehr unsicher begegnen.

Wir hoffen, dem Leser, insbesondere Vertretern aus dem Einkaufs-, Materialwirtschafts- und Supply (Chain) Management-Umfeld, mit diesem Buch Berührungsängste gegenüber dem Projektmanagement nehmen zu können und Projektleiter wie Projektbeteiligte in ihrer Professionalität zu unterstützen.

2. Vorbetrachtung

2.1 Bedeutungssensibilisierung für einen modernen Einkauf im Unternehmen

Warum wenden wir uns insbesondere der Verknüpfung des Themas Einkauf mit dem Thema Projektmanagement zu?

Der Einkauf hat das Potenzial, ja die Eigenschaft zu einem der stärksten und wirkungsvollsten Erfolgs- und Ergebnisträger von Unternehmen. Wirtschaft und Wissenschaft wurden und werden sich dieses Inhaltes und des im Einkauf verborgenen Chancenpotenzials immer mehr bewusst. Vor allem Grossunternehmen und Konzerne haben relativ schnell erkannt, welche Möglichkeiten sich bieten können, Leistungs- und Kostenvorteile auch über den Einkauf zu erschliessen. Leider ist die Entwicklung und die Beachtung und Ausnutzung des Einkaufs als Erfolgs- waffe in vielen, vor allem klein- und mittelständischen Firmen noch nicht so weit vorangeschritten. Es hat sich hier zwar in den letzten 15 Jahren vieles getan, aber noch hinken der Bewusstseinsgrad und der Hand- lungsgrad der genannten Einschätzung und dem Voranschreiten der Grossunternehmen hinterher.

Dabei existieren triftige Gründe gerade auch für den Mittelstand, sich neben anderen wichtigen Unternehmensfunktionen verstärkt auch dem Einkauf zuzuwenden, weil dessen Einflusskraft auf das Unternehmens- ergebnis immens ist. Warum ist dies so?

Zum einen ist das vom Einkauf repräsentierte Kostenbudget – vor allem in produzierenden Unternehmen – immens, das beeinflusst und professio- neller gestaltet gehört. Materialkostenanteile zwischen 50–80 % am Um- satz sind in der Wirtschaft in der Zwischenzeit bei Fertigungsunterneh- men die Regel. Selbst bei Dienstleistern bewegt sich dieser Anteil in Abhängigkeit der jeweiligen Servicebranche zwischen 10–40 %. Eine Übersicht dieser materialbezogenen Kostenanteile veranschaulicht die Abb. 1.

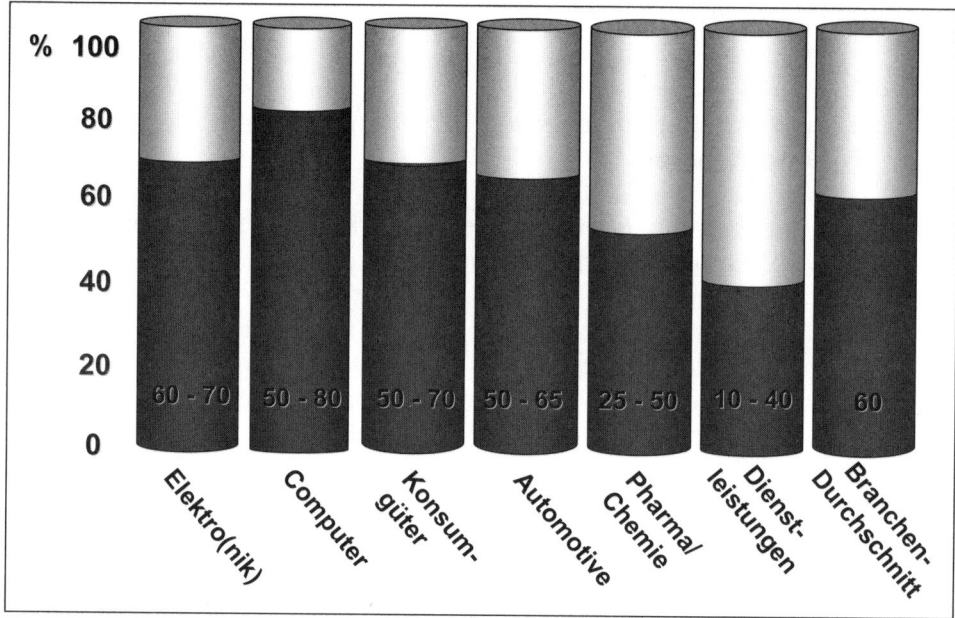

Abb. 1: Branchenspezifische Umsatzanteile der Materialkosten

Die Materialkostenanteile – gemessen am Umsatz und/oder den Herstell-kosten – sind in den letzten Jahren enorm gewachsen. So bedingt z. B. eine intensivere Arbeitsteilung zwischen Unternehmen eine kontinuier-liche Steigerung der ausgelagerten Wertschöpfung und somit steigt für Unternehmen der Betrag und Anteil der zu kaufenden Sach- und Dienst-leistungen. Und damit auch die Verantwortung für eine sach- und fachge-rechte Versorgung des Unternehmens mit den benötigten Gütern.

Zusätzlich tragen auch steigende Preise und Kosten, z. B. für Rohstoffe unterschiedlicher Arten, Dienstleistungen wie bspw. Logistik, für höhere Ansprüche an ökologische Faktoren und die Erfüllung verschiedener gesetzlicher Rahmenbedingungen ebenfalls zu dieser Entwicklung bei und erhöhen die Kostenrelation Material zu der jeweiligen unternehmens-bezogenen Kennzahlengröße.

Einen weiteren wichtigen Aspekt der Bedeutungssensibilisierung für den Einkauf nimmt die starke Einflussmöglichkeit des Einkaufs auf die Ergeb-niskraft eines Unternehmens ein. Festgestellt werden kann dies zum Beispiel über eine Berechnung mit Hilfe des DUPONT-Kennzahlensystems, das als Ergebnis eine Königskennzahl ausweist, den sog. Return on Investment (ROI/von uns „Le Roi" = „der König" benannt). In dieser Kennzahlensystematik kann der durch den Einkauf bzw. der Materialwirtschaft generierte Effekt relativ leicht aufgezeigt werden. Das folgende Schema (s. Abb. 2) eines Projektbeispiels aus der Praxis verdeutlicht die möglichen Effekte.

Realisierte Verbesserungen im Einkaufs-/Materialwirtschaftsbereich wie eine 6 %-ige Senkung der Materialkosten, die Reduzierung der Lagerhaltungskosten um 10 % als auch die Senkung der Vorräte um 10 % – wie hier realisiert bei gleich bleibendem Umsatz – generieren eine Verbesserung des Return on Investment um 124 %. Das ist – sogar bei Stabilität der anderen Einflussgrößen im Kennzahlenschema – eine mehr als doppelte Ergebnisverbesserung für das Unternehmen, initiiert und basierend allein auf materialbezogenen Ursachen.

Diese Verbesserungen auf der Kosten- und Vermögensseite lassen sich aber auch nur durch ein effektives und effizientes Zusammenspiel im Unternehmen und zwischen Unternehmen, z. B. durch leistungsstarke Zuliefer-Abnehmer-Beziehungen und -Prozesse, erreichen. Und hierzu sind wiederum oft Aktivitäten zu starten und durchzuführen, die in Form von Projekten angegangen werden. Beispielhafte seien hier angeführt (gemeinsame) Entwicklungsprojekte, Prozessumstellungen (z. B. eProcessing), Kundenaufträge, Lieferantenförderungs- oder -entwicklungsprojekte, Aufbau neuer Beschaffungsmärkte, Werkstoffumstellungen oder die Integration neuer Materialien.

2.2 These für die Notwendigkeit eines professionellen Einkaufs und eines Projektmanagements

Voraussetzung hierzu ist, dass sich die Unternehmung bewusst sein muss, dass der Einkauf ein entscheidendes Element im Rahmen der Unternehmensfunktionen und in der Interaktion mit Kunden und Lieferanten darstellt. Unsere langjährige Praxisarbeit veranlasst uns zu der These, dass zu einer wirtschaftlich erfolgreich agierenden Unternehmung der Gegenwart und Zukunft und zu einer Sicherung sowie den Ausbau der nationalen oder internationalen Wettbewerbsfähigkeit verfolgenden Un-

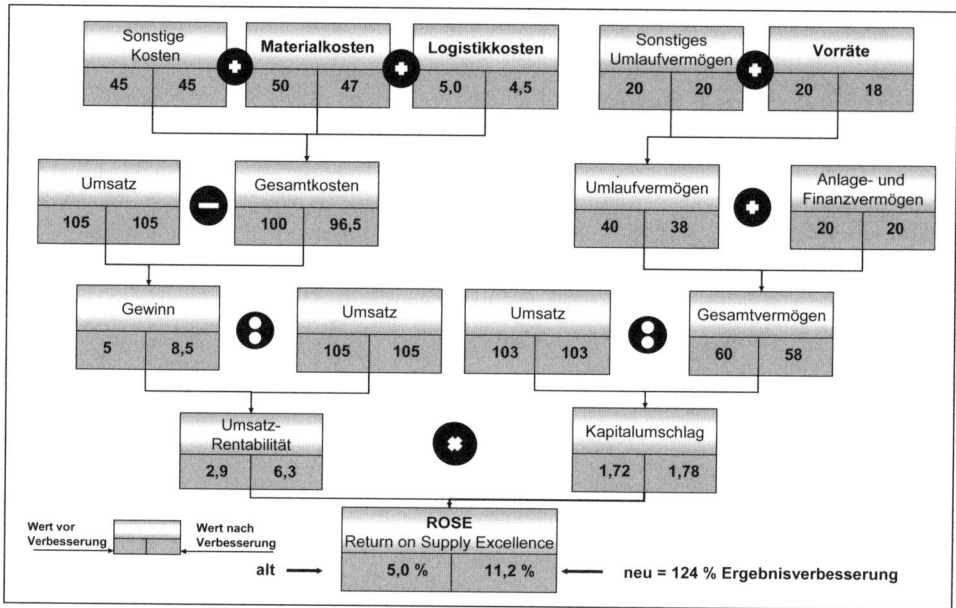

Sonstige Kosten		**Materialkosten**		**Logistikkosten**		**Sonstiges Umlaufvermögen**		**Vorräte**	
45	45	50	47	5,0	4,5	20	20	20	18

Abb. 2: ROSE Return on Supply Excellence – Ertragsbeitrag des Einkaufs

ternehmung zwingend der Aufbau und die Entwicklung zu einem **Supply Chain Management (SCM)** gehört. Dieses Supply Chain Management verstehen wir als ein vom Unternehmen gelebtes kundenorientiertes, integratives Wertschöpfungskettenmanagement unter bester Nutzung der eigenen Funktionen im Unternehmen als auch der geeignetsten Lieferanten. Und der Einkauf bzw. die Materialwirtschaft (= Einkauf und Logistik) stellen hier ein zentrales Beeinflussungs- und Gestaltungselement dar.

Kundenorientierung bedeutet hierbei, dass sich das Unternehmen an (primär externen und sekundär internen) Kunden ausrichtet und sein Handeln auf deren heutige und morgige Bedürfnisse, Erwartungen und Anforderungen abstellt. Und dabei besser und/oder günstiger als der Wettbewerb agiert, um von den aktuellen wie zukünftigen Kunden vor der Konkurrenz präferiert zu werden.

Der externe Kunde ist Zweck und Ziel unserer unternehmerischen Bestrebungen. Nur mit und durch ihn schaffen wir uns eine wirtschaftlich sinnvolle Unternehmenstätigkeit. Der externe Kunde bezahlt unser Unternehmen für die ihm erbrachten Sach- und/oder Dienstleistungen und erlaubt uns Umsatz sowie – bei wirtschaftlicher Arbeitsweise – Gewinne bzw. Erträge zu erzielen. Der externe Kunde symbolisiert einen externen Partner, der bei uns – und nicht beim Mitbewerb – Wertschöpfung z. B. in Form von Produkten, Problemlösungen oder übernommenen Aktivitäten einkauft, um wiederum für sich selbst Wettbewerbsvorteile zu erzielen. Das ist wirklicher wertschöpfender Problemlösungssupport zwischen Unternehmen.

Interne Kunden – als Funktionen, Business Units, Abteilungen, andere Werke, Standorte o.ä. – sind Mitakteure im prozessualen Miteinander und stellen unternehmensinterne Glieder der gesamten Wertschöpfungskette dar. Deren unterschiedlichste Anforderungen sind durch den Einkauf ebenfalls zu erfüllen. Weil eigene Wertschöpfung aber – wie wir im letzten Kapitel gesehen haben – nur mit der Unterstützung externer Wertschöpfung im Sinne leistungsfähiger Lieferanten funktioniert, bildet der Pool dieser im Beschaffungsmarkt beheimateten Wertschöpfungsglieder ebenfalls ein zentrales Element der gesamten Wertschöpfungskette, die marktübergreifend ist und sich aus den Beschaffungsmärkten über unser Unternehmen bis hin zum Kunden erstreckt.

Die Benennung des Begriffes „integrativ" in unserer o. g. Definition von SCM verweist auf die Notwendigkeit eines einbindenden und eingliedernden Charakters im Rahmen des SCM. Es sind Organisationen, Einheiten, Prozesse, Strukturen, Ressourcen, Methoden, Systeme und Menschen miteinander zu verweben, um die entsprechenden Wertschöpfungs(ketten)vorteile initiieren und ausschöpfen zu können.

Und man kann schon hier ahnen, wie wichtig ein koordiniertes Miteinander innerhalb von Unternehmen und zwischen unterschiedlichen Unternehmen ist, um die komplexen Herausforderungen professionell zu gestalten.

3. Herausforderungen und Zukunft der Beschaffung

3.1 Aktuelle und zukünftige Entwicklungstrends

Das schwierige, sich stetig, z. T. radikal verändernde und turbulente Marktumfeld erschwert Unternehmen aus B2B-Sektoren (Business-to-Business) immer mehr ein kontinuierliches und koordiniertes Arbeiten und beeinflusst so auch Projekte im und zwischen Unternehmen.

Sie haben sich mit zahlreichen marktgetriebenen Herausforderungen auseinanderzusetzen und den von den Märkten induzierten Erfordernissen und Entwicklungen zu entsprechen. Diesen versuchen die Unternehmen mit kontinuierlichen Verbesserungen entgegen zu treten. Verbesserungsinitiativen werden dann in Form von Projekten durchgeführt.

Eine Auswahl der wichtigsten marktbezogenen Herausforderungen im B2B lässt sich bezgl. des Absatzmarktes z. B. derart erfassen:
- Unternehmen sind oft gleichzeitig sowohl mit Käufermarkt- (Sättigungstendenzen im Markt/Mehr-Angebot als Nachfrage/geringes Wirtschaftswachstum) und Verkäufermarkt-Konstellationen (Höhere Nachfrage als Angebot/z. T. überproportionale Marktnachfrage) konfrontiert.
- Märkte sind oftmals geprägt von einem erhöhten, aggressiven Wettbewerb bzw. Mitbewerb mit zunehmendem Preis-, Qualitäts-, Know-how- und Kostendruck.
- Insgesamt herrscht eine Tendenz zur internationalen und globalen Orientierung vor. Dabei kann es auch Unternehmen, die lediglich nur im regionalen oder nationalen Umfeld wirken, so gehen, dass sie sich mit internationalem Angebot auseinanderzusetzen haben.
- Erhöhte Marktunsicherheiten (Risikosteigerung bezgl. Nachfrage- und Angebotsentwicklungen, Preisen, Kosten, Unternehmensbewertungen, Rohstoffsituationen, Währungsrisiken etc.) beeinflussen die Märkte.
- Es finden sich Markt-Stagnations- und -Rezessionsentwicklungen bei gleichzeitigem Vorhandensein starken internationalen Markt-Wachstums in ausgewählten Regionen und Ländern.
- Immer kürzere Produktlebenszyklen prägen die Ausgestaltung von Produkten und deren Absatz in den Märkten.
- Breite und tiefe Sortimente (mit z. T. hoher Komplexität) sind kein Widerspruch und werden von den Kunden in unterschiedlicher Form erwartet.

- Eine zunehmende Angebotsdifferenzierung ist auszugestalten, um die vielfältigen und sich immer wieder wandelnden Bedürfnisse und Anforderungen aktueller und potenzieller Kunden zu befriedigen.
- Dabei legen viele Kunden hohe Maßstäbe bezgl. Qualitäts-, Service- und Leistungsausgestaltung.
- Sehr differenzierte Kundenwünsche größter Bandbreite und schlechterer Prognostizierbarkeit (Auseinanderdriften der Ansprüche und Anforderungen) sind Bestandteil täglichen Agierens geworden.
- Eine verstärkte Bedeutung ökologischer Aspekte durch zunehmendes Ressourcen- und Umweltbewusstsein (Energie-/Ressourcenprobleme) und kritischere Bewertung der Wohlstandsgesellschaft (geänderte Wertvorstellungen) bilden entscheidende Marktrahmenbedingungen.
- Die Rohstoffverknappung und -verteuerung (fortschreitende Rohstoffpreisentwicklung, erhöhte Nachfrage in dynamischen Wirtschaftsregionen wie bspw. in der asiatischen und amerikanischen Welt) verschärfen den Wettbewerb in den Absatzmärkten.
- Ein erhöhtes Kostenbewusstsein in den verschiedensten Kundenmärkten zwingt zu kosten-leistungs/starken Angeboten.

Wie man feststellen kann, existieren enorme Bandbreiten vielfältigster Absatzmarktgegebenheiten in unterschiedlichen, parallel existenten Welten, mit denen ein Unternehmen konfrontiert sein kann. Es ist daher von den Unternehmensverantwortlichen explizit zu analysieren, in welchen konkreten Absatzmarktkonstellationen sich das Unternehmen bewegt und welche Zielstellungen verfolgt werden. Dabei ist ein besonderes Augenmerk auf den Faktor Zeit zu richten, da die Gegebenheiten im Heute bzw. Jetzt betrachtet werden müssen, jedoch auch unter dem Blickwinkel des Morgen und der Zukunft. Dass nichts so stetig ist wie die generelle Veränderung von Märkten, hat jeder schon selbst in unterschiedlichster Weise erlebt. Und dies muss kontinuierlich Berücksichtigung finden.

Dasselbe gilt auch für die Beschaffungsmärkte der Unternehmen aus den B2B-Märkten. Hier finden wir bspw. Gegebenheiten und Entwicklungen wie folgt:
- Eine schnelle Änderung und Erweiterung bestimmter (z. B. geografischer, anwendungsbezogener, werkstoff-/materialbezogener) Beschaffungsmärkte wird durch immer mehr Anbieter und Angebote forciert.
- Es herrscht eine internationale bis globale Bezugsquellenverteilung vor.

- Der Trend entwickelt sich zum Problemlösungs- bzw. Leistungssystem-Einkauf. Selbst bei billigen bzw. preiswerten Produkten müssen zusätzliche Services wie Transport, Lagerhaltung, Flächendistribution etc. erfüllt sein.
- Oft kann eine (sehr) hohe Konkurrenzdichte (auf hohem Niveau) bei den Zulieferern festgestellt werden. Andererseits finden sich aber eben auch monopol- und polypolartige Marktstrukturen durch z.T. radikale Konzentrationstendenzen auf der Angebotsseite.
- Der Markt reichert sich weiter mit (spezialisierten) Kompetenz- und Know-how-Lieferanten an oder reduziert sich aus dem gleichen Grunde wegen der starken Spezialisierung der Anbieter, um sich noch vom Markt abheben zu können.
- In den verschiedenen Märkten können differenzierteste Lieferanteninfrastrukturen identifiziert werden.
- Zahlreiche Anbieter aus Niedriglohn-Ländern (sog. Low-cost-countries) ergänzen die Zuliefererwelt und verändern diese kontinuierlich und dynamisch.
- Immense Veränderungen der Zulieferer-Abnehmer-Beziehungen mit der Bandbreite ausgehend von Einmalgeschäften, über Spotgeschäfte bis hin zu langfristig ausgelegten Kooperationen und strategische Allianzen begleiten unser tägliches Wirken.

Die beispielhaft angeführten Gegebenheiten verdeutlichen, dass sich auch in den Beschaffungsmärkten ein vielfältiges Umfeld feststellen lässt, in dem sich das Unternehmen zu behaupten hat und das es zu seinem Vorteil nutzen kann.

Welche Auswirkungen haben diese Gegebenheiten und Einflüsse nun für Unternehmen aus dem B2B-Umfeld?

Hier kann in folgende marktinduzierte Anforderungen und Entwicklungen aufgesplittet werden. Für die Produktion/Fertigung müssen Unternehmen in Gegenwart und Zukunft z. B. folgendes erfüllen:
- Intensivierte nationale und Ausweitung der internationalen Arbeitsteilung und -verflechtung
- Buy statt Make (Reduktion oder Ausbau der eigenen Wertschöpfungstiefe) oder Buy und Make (parallele Existenz von Wertschöpfungsstrukturen)

- Hohe (gesamtflussbezogene) Kapazitätsauslastung bei hohem Flussgrad
- Hohe Flexibilität und Reaktionsbereitschaft
- Kleine Lose (geringe Stückzahlen)
- Minimale (kurze) Durchlaufzeiten
- Kostenminimierung
- Qualitäts-, Flexibilitäts- und Variabilitätsorientierung
- Arbeiten mit komplexen Verarbeitungs-/Verfahrens(system)technologien und Produkten
- (Material-, Güter- und Informations-)Optimierung → Prozess- und Fluss-Optimierung.

Für die Forschung, Entwicklung und Konstruktion bedeutet dies in Gegenwart und Zukunft z. B.
- Erfüllung und Abbildung beschleunigter und zudem kurzer Innovationszyklen
- Hohe Dynamik bei der F & E von Produkten bis hin zu unternehmensübergreifenden, parallel wirkenden F & E-Ressourcen und -Strukturen.

Bezgl. des Kostenmanagements sind in Gegenwart und Zukunft folgende Aspekte für erfolgreiches unternehmerisches Wirken erforderlich:
- Verstärktes, ergänzendes strategisches, interunternehmerisches Controlling
- Total Cost-/Target Cost-Ausrichtung
- Target Price-Orientierung
- Balanced Scorecard- oder Performance-Strategien.

Für die Logistik als markt-, unternehmens- und funktionsübergreifende Funktionalität erfordern die Markteinflüsse für Unternehmen in Gegenwart und Zukunft z. B.
- Hoher Servicegrad bzw. gesteigerte Lieferbereitschaft → Flexibilitätsbeschleunigung
- Niedrige Bestände (optimiertes Bestandsmanagement) in der gesamten Wertschöpfungskette
- Schnelle(re) Abwicklung einer intensiveren und umfangreicheren Logistik.

Immer deutlicher treten die immensen Herausforderungen der Unternehmen hervor, die fast nur noch durch striktes projektbezogenes und strukturiertes Arbeiten zu erfüllen sind. Da neben dem funktionsübergreifenden auch noch unternehmensübergreifend agiert werden muss, sind die Anforderungen an Unternehmen und deren Projekte enorm.

3.2 Value Base – Anforderungen an die Supply Chain

Unternehmen haben Mehr-Wert zu generieren, wenn sie im Markt erfolgreich sein wollen. Mehr-Wert, auch als sog. Added Value bezeichnet, wollen neben Kunden aber eben auch unterschiedlichste Anspruchsgruppen des eigenen Unternehmens (z. B. Eigentümer, Anteilseigner, Geschäftsleitungen, Mitarbeiter, Beiräte bis hin zur Öffentlichkeit bzw. Bevölkerung). Es ergibt sich ein umfangreiches Erwartungsspektrum an das Unternehmen, das dieses zu erfüllen hat. Und dieses Spektrum muss dann auch noch die marktbezogene Kernanforderung erfüllen, dass das Unternehmen besser und/oder günstiger sein muss als andere Unternehmen des (Mit-)Wettbewerbs. Ansonsten wird es seine Wettbewerbsfähigkeit und damit auch Überlebensfähigkeit nicht erfüllen können.

Das eigene Unternehmen muss außerdem zusätzlich Vorteile für Lieferanten und Kunden zur Erreichung ihrer eigenen Unternehmensziele erreichen.

Zu den bedeutenden Mehr-Werten, die vom Unternehmen zu initiieren und zu realisieren sind gehören z. B.:
• Kostensenkung oder Kostenminimierung
• Ertrags-/Gewinnerhöhung
• Qualitätssicherung, -steigerung oder -absenkung
• Produktivitätssteigerungen bzw. fortschritte
• Flexibilitätserhöhungen
• Geschwindigkeitserhöhung bzw. Beschleunigung oder Zeiteinsparungen
• Sicherung der Prozessstabilität und -kontinuität
• Risikoabsenkung, -minimierung oder -absicherung
• Innovationskraft
• Nachhaltigkeit in den verschiedensten Kriterien und Dimensionen
• Serviceerhöhung oder -sicherung
• und andere.

4. Die Bedeutung des Projektmanagements für den modernen Einkauf

4.1 Profilierungsrahmen des Unternehmens

Der Profilierungsrahmen für unternehmens- und projektbezogenes Management lässt sich im Prinzip durch die Konzentration auf die 5 Dimensionen des Erfolges (s. Abb. 3) reduzieren.

Erfolgdimensionen	Aufwertung	Methode	
Qualität	Steigerung	TQM	(Total Quality Management)
Kosten	Senkung / Minimierung	TCM	(Total Cost Management)
Zeit / Geschwindigkeit / Flexibilität	Reduzierung / Erhöhung	TBM	(Time Based Management)
Service	Ausbau	TSM	(Total Service Management)
Quantität	Bedarfszuschnitt	JICM	(Just in Case Management)

Abb. 3: Die 5 Dimensionen des Erfolges

Innerhalb dieser Dimensionen, die auch als Stellhebel des Erfolges bezeichnet werden können, hat sich die Unternehmung ihren sog. USP herauszuarbeiten. Diese Unique Selling Proposition (= Marktpositionierung über Alleinstellungsmerkmale) erlaubt es ihr, sich im Markt leistungs- und/oder kostenbezogen abzugrenzen und eine Präferierung durch die Kunden gegenüber dem Wettbewerb zu schaffen.

Ein hoher Anspruch an die Professionalität des Unternehmens wird hier gestellt. Eine auf eine Vision ausgerichtete Unternehmensstrategie, ein einheitlich ausgerichtetes Denken und Handeln der Beschäftigten, durchgängige Prozesse innerhalb des Unternehmens, ineinander greifende Infrastrukturen und aufeinander abgestimmte Ressourcen ohne Schnittstellen sind zwingende Voraussetzungen, diesen Anspruch zu erfüllen.

Ein koordiniertes, effektives und effizientes Management aller Vorgänge gehört hier dazu.

Können diese Voraussetzungen innerhalb des Unternehmens geschaffen werden, ist aber erst ein Bruchteil zur Verwirklichung des Erfolges realisiert. Bedenken wir nochmals die ausgelagerte Wertschöpfung in Form der Beschaffung (zur Erinnerung: 40–80 % der Gesamtwertschöpfung), dann ist auch der gesamte Zulieferpool in diese Überlegungen und Bestrebungen zu integrieren. Und das führt uns wieder zu der Notwendigkeit eines Projektmanagements, in dem unternehmensübergreifende Aktivitäten kompetent angegangen werden, um diese zum Erfolg zu führen.

4.2   Markt- und Wettbewerbsherausforderungen

Die Unternehmen erleben die Auswirkungen in Form eines kontinuierlichen Umsatz- und Kostendruckes, in Flexibilitäts- und Schnelligkeitserfordernissen, in der Erfüllung unterschiedlichster Qualitäts- und Umweltanforderungen sowie in dem Erfordernis, immer wieder neue Kunden erobern und bestehende Kundenanforderungen erfüllen zu müssen, um gegenüber der starken Konkurrenz bestehen zu können. Dabei gilt es, die Kernfaktoren Qualität, Menge, Zeit und Ort zu den wirtschaftlichsten Bedingungen zu gestalten.

Die Beschaffung – mit ihrer enormen Bedeutung zur Beeinflussung der Unternehmenskosten sowie des Unternehmensertrages und -wertes – hat sich hierfür als eine zentrale Managementfunktion der Value Chain bzw. der Value Nets (= Wertschöpfungs-Netzwerke) zu etablieren. Komplette Materialflüsse und dazugehörige Informationsflüsse sind Kernelemente ihrer Gestaltungsaufgabe. Und für ein derartiges Management in Orientierung an den Markt- und Unternehmensherausforderungen (die wichtigsten auszugsweise in Abb. 4) scheint sie mehr als prädestiniert.

Den heutigen und morgigen Wettbewerbskreislauf werden diejenigen Unternehmen für sich entscheiden können, die die o. g. Wettbewerbsfaktoren besser und/oder günstiger einzeln, aber wie wir im letzten Kapitel sehen konnten, im Zusammenspiel bewerkstelligen. Es gilt, den aktuellen und zukünftigen Rahmenbedingungen des Marktes – sei es der Absatz-, Herstellungs-, Beschaffungs-, Finanz- oder Arbeitsmarkt – möglichst zuvor zu kommen bzw. zu entsprechen und aktiv Unternehmensentscheidungen anzugehen, um erfolgreich auf/in den Märkten bestehen zu können.

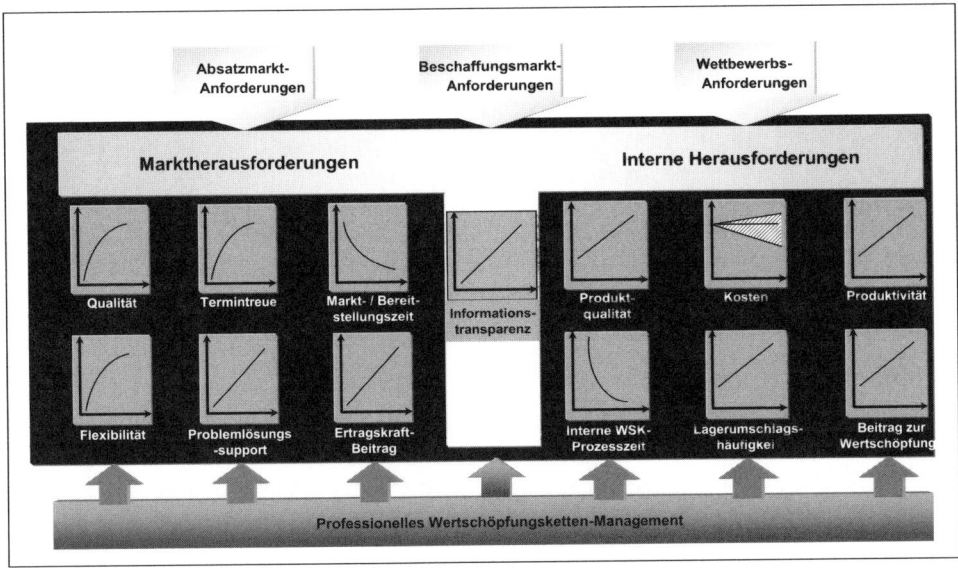

Abb. 4: Anforderungsspektrum an die Supply Chain
(Komprimierter Auszug)

Im Endeffekt werden sich die Unternehmen behaupten können, die in der Lage sind, Marktentwicklungen schnell, flexibel und innovativ zu antizipieren und dementsprechend Lösungen für die Märkte zu generieren. Die Zusammenarbeit zwischen Unternehmen wird in der Zwischenzeit in Form von spezialisierter Arbeitsteilung und der Konzentration auf eigene Kernkompetenzen gestaltet. Gemeinsame Anstrengungen innerhalb des Unternehmens und in Zusammenarbeit mit externen Partnern (z. B. Lieferanten, Kunden, Kooperationspartnern etc.) in umfassenden integrierten Versorgungs- und Entsorgungsketten sind zu bewerkstelligen und der Anteil gemeinsamer, abgestimmter Wertschöpfungsaktivitäten nimmt weiter radikal zu. Viele Wertschöpfungsaufgabenstellungen werden heute und morgen nicht nur fach-, abteilungs-, bereichs- und hierarchieübergreifend, sondern sogar unternehmensübergreifend gelöst werden müssen. Daraus erwächst die zwingende Notwendigkeit der Gestaltung eines ganzheitlichen Wertschöpfungsketten-Management zwischen Unternehmen und innerhalb eines Unternehmens und das sich daraus ableitende Vorhandensein und die steigende Intensität projektausgerichteten Zusammenspiels. Die Anforderungen an ein solches Miteinander erweitern sich zudem immer mehr.

Dieses Miteinander wird in und zwischen Unternehmen immer stärker in projektbezogener Arbeitsweise vollzogen. Wissen (Know-how) und Tun (Do-how) sind zusammen zu führen, in verschiedener Weise zu verknüpfen und – ausgerichtet an einem gemeinsamen Ziel(system) – zu planen, zu steuern, abzustimmen, zu koordinieren und zu verfolgen.

4.3 Networking in Wertschöpfungsketten

Rahmenbedingung des gesamten gemeinsamen Wirkens von Unternehmen auf der Annahmengrundlage einer professionalisierten Arbeitsteilung stellt also der Ansatz eines gemeinsamen Netzwerkens dar, bei dem die Kernkompetenzen, Erfahrungen und somit die Vorzüge jedes mitwirkenden Unternehmens eines netzwerkartigen Wertschöpfungskettengeflechtes optimal genutzt werden sollen.

Dieses kundenorientierte, über die Wirtschaftsstufen hinwegreichende Wertschöpfungsketten-Management orientiert sich an dem Gedanken, dass die gesamte Wertschöpfungskette, von den Lieferanten der Beschaffungsmärkte über die produzierenden bzw. dienstleistenden Unternehmen bis zu den Kunden – jeweils über die Unternehmen hinweg, aber eben auch innerhalb der Unternehmen über die Sparten, Geschäftsbereiche, Abteilungen und Funktionen hinweg – betrachtet und konsequent aufeinander abgestimmt gestaltet werden muss, um im Wettbewerb bestehen zu können.

Und somit ist es bei den z. T. beträchtlichen Anteilen der ausgelagerten Wertschöpfungsanteile auch unabdingbar, nicht mehr nur den einzelnen Konkurrenten der gleichen Wertschöpfungsstufe, sondern die gesamte genutzte Wertschöpfungskette als Wettbewerb anzusehen. Eine Veranschaulichung dieser prinzipiellen Einschätzung entnehmen Sie der Abb. 5.

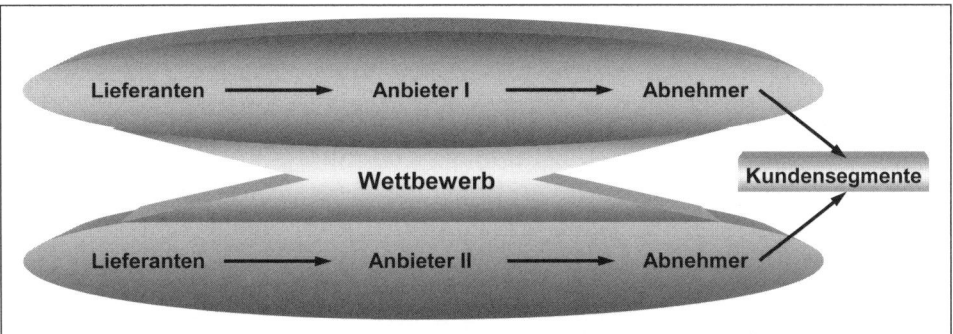

Abb. 5: Der Wettbewerb der Wertschöpfungsketten

Um im Wettbewerb bestehen zu können und evtl. sogar eine führende Position in der Branche sichern zu können, bedarf es einer grundlegenden Neuorientierung in den einzelnen Wertschöpfungsfunktionen der Unternehmung selbst und in der gesamten Wertschöpfungskette. Neben der jeweils eigenen Optimierung der Unternehmen ist bei den z. T. beträchtlichen ausgelagerten Wertschöpfungsaufgaben und -anteilen eine stärkere Einbindung der Beschaffungsmarktpotenziale, d. h. vor allem der Lieferanten, zur besseren Befriedigung der Kundenerwartungen und Kundenwünsche, zur intensiveren und schnelleren Ausschöpfung der Märkte und zur Erhöhung der Wirtschaftlichkeit des Unternehmens zwingend zu bewerkstelligen.

4.4 Professionelles Supply Chain Management

Moderne Unternehmen nutzen hierzu den Ansatz des **Supply Chain Management (SCM)**. SCM stellt hier zunächst die zielorientierte, partnerschaftliche, kooperative Zusammenarbeit von Unternehmen und Funktionen dar zur Versorgung des eigenen Unternehmens mit den zur Wertschöpfung benötigten Produkten und Dienstleistungen, um durch bewusste, gemeinsame Anpassung und/oder Einwirkung auf interne und externe Rahmenbedingungen Kosten- und Leistungsvorteile für die Kunden und die Unternehmenspartner zu erreichen.

Das SCM dient dabei der bedarfsgerechten Versorgung der Kunden und der Herstellung einer hohen Kundenzufriedenheit durch die bestmögliche

Ausschöpfung unternehmensinterner Potenziale und unternehmens-externer Lieferantenpartner unter konsequenter Verwendung neuester Managementprinzipien und der optimierten Gestaltung der Material-, Informations- und Finanzflüsse. Es umfasst außerdem alle nach innen und außen wirkenden Ziele, Strategien und Maßnahmen einer über die Unternehmen und Märkte agierenden, integrierten Materialwirtschaft, um auf und mit relevanten Beschaffungsteilmärkten systematisch Marktchancen zu nutzen und Marktrisiken zu vermeiden.

Dazu erforderlich ist das Bestreben einer kontinuierlichen und nachhaltigen System-Innovation bzw. Systemanpassung, bei der Strukturen, Prozesse, Instrumente, Methoden und Ressourcen der gesamten Wertschöpfung – vom Lieferanten bis zum Kunden – als Elemente eines ganzheitlichen Kosten- und Leistungsnetzwerkes gesehen und gestaltet werden.

Es wird eine „schlankere" Struktur des jeweiligen Unternehmens angestrebt, d. h. ein Abbau von Funktionen und Leistungen, die von anderen Partnern des Wertschöpfungsnetzwerkes oder gemeinsam besser und/oder kostengünstiger erbracht werden können.

So verfolgt man eine Konzentration und Integration der Schlüsselkompetenzen, Kernerfahrungen, Wissensbereiche und Stärken der Wertschöpfungspartner zur Erreichung eines Wertschöpfungsoptimums, bei der die „Ertragskraft" der Partner in der Wertschöpfungskette langfristig erhöht und/oder gewährleistet sein soll. Dabei kommt der Gestaltung
– optimierter Geschäftsprozesse,
– einer Outsourcing-Politik,
– einer partnerorientierten Beziehungspolitik und
– einem konsequenten Kundenmanagement
eine zentrale Bedeutung zu.

Insgesamt streben moderne Unternehmen so eine strukturelle, langfristige Verbesserung des eigenen Leistungs- und Kostensenkungspotenzials, d. h. z. B. der Innovationskraft, Produktivität, Flexibilität und Ertragskraft an.

Vor diesem Hintergrund muss die zentrale Frage gestellt werden:

Wo findet wann durch wen welche Wertschöpfung zu welchen Konditionen statt?

Und diese Frage führt uns wieder direkt zur Notwendigkeit und Dringlichkeit, wenn nicht zum zwingenden Erfordernis, projekt(management)-fokussierten Arbeitens. Es ist auf der Basis des eigenen Unternehmenszweckes und der eigenen Unternehmensziele vor dem Hintergrund markt-, wettbewerbs- und wirtschaftlicher Betrachtung festzulegen, welche Wertschöpfung in Form von Aufgaben, Funktionen und Produkten selbst realisiert werden soll. Die sog. Kernkompetenzen, auf die sich als Unternehmen konzentriert werden sollen, spielen dabei eine starke Rolle. Mit der Bestimmung der eigenen Wertschöpfungstiefe und -struktur ist automatisch auch definiert, welche Wertschöpfung aus den Zuliefermärkten zu beschaffen ist.

4.5   Kernziele und Kernaufgaben des Einkaufs

Dabei ist der eigenen Unternehmung ein allgemeingültiger Zielkorridor vorgegeben, der auch gerne als **beschaffungsbezogenes oder materialwirtschaftliches Optimum** bezeichnet wird. Zur Versorgung des Unternehmens gilt es,
- das richtige Material,
- in der richtigen Qualität,
- in der richtigen Menge,
- zur richtigen Zeit,
- am richtigen Ort
- zu den wirtschaftlichsten Bedingungen

dem eigenen Unternehmen aus den Beschaffungsmärkten mit Hilfe eines leistungsstarken Lieferanten-Portfolios zur Verfügung zu stellen, um die Wettbewerbsfähigkeit und Wirtschaftskraft des eigenen Unternehmens zu sichern und weiter auszubauen.

Dazu sind zahlreiche Aufgaben in der Einkaufsfunktion wahrzunehmen, die in unterschiedlicher Weise in der Praxis und Wissenschaft abgegrenzt werden. Eine beispielhafte Aufteilung zeigt die Abb. 6.

Einkauf im Unternehmen

Strategische Aufgaben
- Einkaufspositionierung
- Beschaffungsorganisation (Aufbau / Ablauf)
- Bedarfsmanagement
- Make-or/and-Buy
- Beschaffungsmarktforschung
- Selbstanalysen der Beschaffung
- Beschaffungs-/Bereitstellungs-/ Lieferstrategien
- Lieferantenbewertung/-audits
- Lieferantenmanagement
- Rahmenverträge
- Commodity-Arbeit
- Funktionsübergreifendes Agieren
- Standardisierung
- Beschaffungsprozessmanagement
- Beschaffungscontrolling

Operative Aufgaben
- Bedarfsidentifizierung und -konkretisierung
- Disposition & Lager(kontrolle)
- Lieferantensuche
- Anfragen
- Angebots-/Lieferanten- vergleiche
- Verhandlungen
- Vergabeentscheide
- Bestellungen (inkl. Abrufe)
- Bestellabwicklung inkl. Störungsbeseitigung
- Terminverfolgung
- Wareneingang
- Dokumentation
- Rechnung(skontrolle) und Bezahlung

Beschaffungsmarkt · *Unternehmen* · *Absatzmarkt*

Abb. 6: Aufgabenportfolio eines modernen Einkaufs

Die Abbildung veranschaulicht eine Abgrenzung des umfangreichen Einkaufsaufgabenspektrums in strategische und operative Aufgaben. Wenn Projekte für den bzw. im Einkauf gestartet werden, dann stehen eher strategische Einkaufsaufgaben als Gestaltungsherausforderungen an und es werden entsprechende Projekte initiiert und funktions- sowie z. T. unternehmensübergreifend durchgeführt. Die Einbindung unterschiedlichster Bereiche bzw. Abteilungen und Hierarchien, wie z. B. Unternehmensleitung, Forschung und Entwicklung, Konstruktion, Produktion, Vertrieb, Produktmanagement etc., ist dann vonnöten, um diese strategischen Einkaufsaufgaben aufzubauen und oder zu verbessern. Der Abgleich mit den anderen Einheiten und Funktionalitäten sichert abgestimmte Aufgabeninhalte und die daraus resultierenden Abläufe.

Aber auch die operativen Einkaufsaufgaben sind Ausgangspunkt in der Praxis realisierter Projekte, die wir dann z. B. eher als interne Ablauf- oder Prozessoptimierungen oder als Instrumenten- bzw. Ressourcenverbesserungen erleben.

4.6 Einkaufsfunktionalitäten im Wandel

Zur Erfüllung der dynamischen und zahlreichen Anforderungen bedarf es eines umfangreichen, multidimensionalen Funktionalitätsspektrums für die professionelle Wahrnehmung der strategischen wie operativen Einkaufsaufgaben (s. Abb. 7).

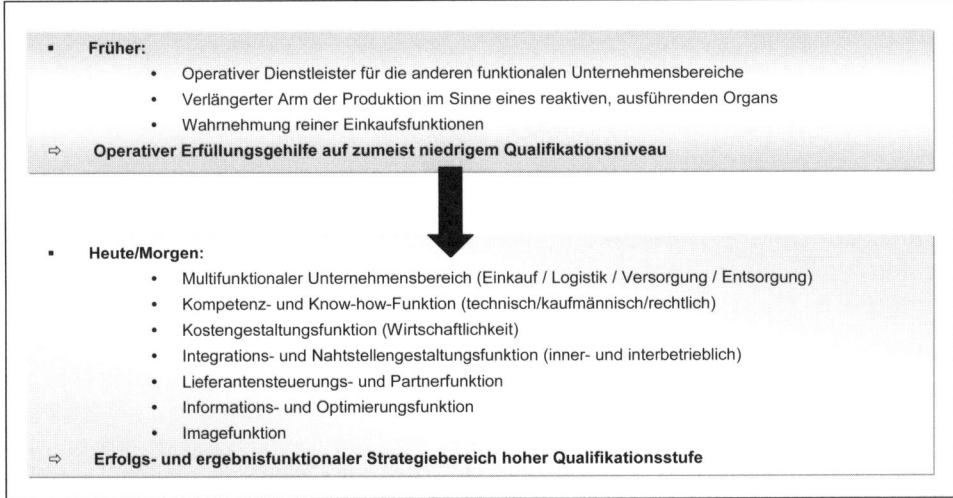

Abb. 7: Veränderte Funktionalitätserfordernisse für einen modernen Einkauf

Der Einkauf hat sich weg von einem eher operativ geprägten Erfüllungsgehilfen für eine sichere Materialversorgung des Unternehmens hin zu einer stärker strategiegetriebenen und ergebnis- und erfolgsbeeinflussenden Funktionalität entwickelt, der über eine moderne Materialbeeinflussung und -versorgung proaktiv seinen Beitrag zur Wettbewerbsfähigkeit und Wirtschaftskraft des Unternehmens leistet. Der Einkauf hat z. B. als Akteur, Impulsgeber und Berater wie Coach zur Gestaltung der unternehmensspezifischen Supply Chain die Themen des Einkaufs, der Logistik und der Materialwirtschaft abzudecken und die technischen wie kaufmännischen Leistungsfelder kompetent zu erfüllen.

Will er nicht nur eine preisbeeinflussende Rolle spielen (wie oft wird einem Einkauf hier lediglich die Fähigkeit zur Preisfuxerei oder Preisdrückerei zugesagt oder zugeordnet), muss der Einkauf und sein Wissen, seine Beziehungen zu den Beschaffungsmärkten als auch mögliche Lieferanten rechtzeitig in die Produktdesignprozesse (z. B. Produktmanagement-, Entwicklung- und Konstruktionsprozesse etc.) integriert werden. In diesen Prozessen und Produktphasen werden – unsere Praxiserfahrungen zeigen unterschiedliche Werte – zwischen 50–70 % der Kosten definiert und festgelegt. Hier hat die Unternehmung und der Einkauf einzugreifen, um z. B. die Kostengestaltungsfunktion kompetent wahrzunehmen.

In ähnlicher Weise verhält es sich, wenn bestehende Produkte in Aussehen, Charakteristik, Nutzungsmöglichkeiten etc. angepasst werden müssen und Teile, Komponenten oder Systeme der Produkteinheiten extern (teil)entwickelt und bezogen werden. Auch hier kommt die Kostengestaltungsfunktion zum Tragen, in dem bspw. neue Verfahren und Werkstoffe, günstigere Anbieter aus Niedriglohnländern mit geringeren Arbeitskosten, neue Materialflusskonzepte oder anderes vom Einkauf eingebracht werden.

Dass dazu eine Integrations- und Nahtstellengestaltungsfunktion inner- wie interbetrieblich zu realisieren ist, erklärt sich fast von selbst. Zwischen Organisationseinheiten und Abteilungen im eigenen Unternehmen als auch in der Zusammenarbeit mit dem/den Lieferanten ist eine konsequente Abstimmung z. B. spezifischer Ziele, Prozesse, Infrastrukturen, Abläufe, Tools, Methoden in unterschiedlicher Weise zu vollziehen. so sind z. B. kaufmännische wie technische Interessen und Fraktionen zu koordinieren. Der Einkauf kann hierfür entscheidende Beiträge liefern und nicht nur Schnittstellen managen, sondern zum Aufbau und der Sicherung funktionierender und durchgängiger unternehmensinterner und -übergreifender Nahtstellen im Sinne leistungsfähiger Verknüpfungen beitragen. Die hierfür zu erfüllende Lieferantensteuerungs- und Partnerfunktion ermöglicht eine saubere und klare Arbeitsteilung, die der Einkauf managt und dabei als (intern wie extern) akzeptierter Partner „zwischen den Welten" agiert. Der Einkauf steht hier wiederum als Mittler, Moderator, Coach und Berater zwischen dem Unternehmen und den Beschaffungsmärkten und seinen Repräsentanten und hat für eine sein Einkaufsaufgabenportfolio umfassenden Arbeitsbereich umfassende Informationsversorgung zu gewährleisten. Dass er zum Wohle des eigenen Unternehmens eine stetige Optimierung hinsichtlich aller relevanten und/oder wichtigen Kriterien und Erfolgsfaktoren anstrebt, gehört zwingend zu seiner Funktionalität.

So kann der Einkauf zum Imageträger innerhalb und außerhalb des Unternehmens werden, der z. B. für Innovation, Wirtschaftlichkeit, faires Handeln, gemeinsame Problemlösungen, Schnelligkeit und/oder Flexibilität als auch Ertragskraft steht.

Dieses gesamte Funktionalitätsspektrum, das dem Einkauf aus den unternehmensinternen und -externen Anforderungen erwächst, als auch sehr viele Herausforderungen, die ein Einkauf zu meistern hat, werden durch interne wie unternehmensübergreifende Projekte angegangen.

4.7   Qualifikationsanforderungen für eine moderne Beschaffung

Qualifikationen bilden die Grundlage für kompetentes und professionelles Denken und Handeln. Und aus den Rahmenbedingungen des Einkaufs im Markt-, Wettbewerbs- und eigenen Unternehmensumfeld hat sich ein Qualifikationsspektrum herauskristallisiert, das sich in Umfang und Qualität die letzten Jahre entscheidend erweitert hat. Einen Überblick über notwendige Fähigkeiten und Fertigkeiten verschafft die Abb. 8.

Abb. 8: Qualifikationsspektrum für einen modernen Einkauf

Es wird deutlich, dass sowohl Fach-, Methoden-, Sozial- sowie persönliche Kompetenzen erwartet werden müssen, um die zahlreichen, in den bisherigen Kapiteln beschriebenen Herausforderungen meistern zu können. Jedoch symbolisiert das Kompetenzschaubild auch einzelne Know-how-Bereiche, die von einer Person alleine oft nicht abgedeckt werden können (z. B. Verfahrens- und werkstofftechnisches Know-how, Technologiewissen, juristisches Wissen, Beschaffungsmarktkenntnisse etc.). In diesen Bereichen ist ein stetiger und immer schneller werdender Wissenszufluss und der Zwang zu einem kontinuierlichen Know-how-Ausbau festzustellen, der in vielen Fällen nur noch über die Gemeinschaft, entweder vom Einkaufsteam gesamt und/oder mit Unterstützung von Personen aus anderen Geschäftseinheiten (Abteilung, Funktion etc.) der eigenen Unternehmung abgebildet werden kann. Wissenspartnerschaften mit externen Partnern in Form von kooperierenden Unternehmen oder von Lieferanten stellen eine mögliche zusätzliche Option zur Know-how-Erweiterung und -sicherung dar, um die Fülle und Dynamik im Fähigkeits- und Fertigkeitswettbewerb erfüllen zu können.

Auch in den nächsten Jahren wird sich der Trend an Innovations-, Adaptions-, Schnelligkeits- und Flexibilitätserfordernissen nicht abschwächen, sondern eher sogar noch verstärken. Der Wettbewerb des Know-hows kann nur von denjenigen Unternehmen bzw. Menschen gewonnen werden, die unternehmensintern oder -übergreifend Kompetenzwelten generieren und diese bei stetiger Weiterentwicklung behaupten. Wissen und Kompetenz findet dann seinen Ausdruck in kundengerechten, anwendungsspezifischen und wirtschaftlichen Problemlösungen, die von Kunden gegenüber denen des Mitbewerbers präferiert werden.

Projekte bilden eine der Plattformen, in denen solche Herausforderungen angegangen werden. Dass hier auch Optimierungen in Kosten-Leistungs-Relationen, Geschäftsprozessen, Ressourcen und Methoden etc. zu leisten sind, versteht sich von selbst.

5. Voraussetzungen effektiven Projektmanagements – Definition, Defizite und Ansatzpunkte

5.1 Projekt und Projektmanagement – ein Abgrenzungsversuch

Tagtäglich werden wir in unserer Beratungspraxis mit den Fragestellungen konfrontiert: Was ist denn überhaupt ein Projekt? Wie lässt sich denn ein Projekt charakterisieren?

Heutzutage wird mit dem Begriff „Projekte" bzw. der Bezeichnung als Projekt viel Schindluder getrieben. So bezeichnen viele Unternehmen alle möglichen Aktivitäten und Vorhaben als sog. Projekte. Aber verdienen Sie diesen Namen auch?

Erste Hilfe bietet die DIN 69901, die ein Projekt als Vorhaben beschreibt, das im Wesentlichen durch seine Einmaligkeit der Bedingungen in ihrer Gesamtheit gekennzeichnet ist, z. B. durch Zielvorgabe, zeitliche, finanzielle, personelle und andere Begrenzungen, Abgrenzung gegenüber anderen Vorhaben und eine projektspezifische Organisation. Hier haben wir schon die wesentlichen Eigenschaftskriterien, die ein Projekt erkennen lassen.

Ein **Projekt** lässt sich also mit Hilfe mehrerer Merkmale bzw. mit einfachen Fragen eigentlich leicht identifizieren:
- Sind **Aufgaben mit einer gewissen Einmaligkeit** und einem spezifischen Risiko (Keine Routineangelegenheit!) im Rahmen einer spezifischen Gesamtaufgabenstellung gegeben?   Ja ○   Nein ○
- Kann eine eindeutige **Aufgabenstellung, Verantwortung und Zielsetzung für ein Gesamtergebnis** (Struktur) definiert werden?   Ja ○   Nein ○
- Ist eine **zeitliche Befristung** (klarer Anfangs- und Endtermin) bzw. eine Fristigkeit vorhanden?   Ja ○   Nein ○
- Müssen **verschiedene**, miteinander verbundene, wechselseitig voneinander abhängige **Teilaufgaben** ausgeführt werden?   Ja ○   Nein ○
- Müssen dafür mehrere Unternehmensfunktionen, -abteilungen, -bereiche oder gar unterschiedliche Unternehmen, d. h. unterschiedliche Projekteinheiten zusammen arbeiten?   Ja ○   Nein ○

- Wird ein **definiertes Budget** (spezifische Geldmittel)
  eingesetzt bzw. zugewiesen?   Ja ○   Nein ○
- Ist ein **begrenzter Ressourceneinsatz** vorgesehen?   Ja ○   Nein ○
- Ist für das Projekt eine **besondere**, auf das Vorhaben
  abgestimmte (Aufbau-/Ablauf-) **Organisation** vorgesehen?
                                                             Ja ○   Nein ○

Wenn unter Berücksichtigung dieser Besonderheiten bei (möglichst) allen Fragen ein „Ja" als Antwort gegeben werden kann, dann handelt es sich um explizite Vorhaben bzw. Aktivitäten, die die Bezeichnung „Projekt" verdient haben.

Wird mehrmals mit „Nein" geantwortet, sollte eine Initiierung als Projekt nicht erfolgen bzw. dies schwerlich überlegt werden, eine schon laufende Aktivität als Projekt überdacht und ggf. eingestellt werden oder nach entsprechender Modifizierung als neues bzw. verändertes Projekt gestartet bzw. weiterverfolgt werden.

Ein Hinweis sei noch gegeben: Die Einmaligkeit bzw. Individualität als Projektmerkmal ist in der Praxis nicht immer einfach zu beantworten, da es auf der einen Seite Vorhaben gibt, die einen neuartigen Charakter haben und die erstmalig anzugehen sind. Es existieren auf der anderen Seite aber eben auch solche Tätigkeiten, die fast immer wieder einen bestimmten Wiederholungscharakter und/oder Bekanntheitsgrad besitzen. Lässt man sich aber davon leiten, die gesamte Aufgabe als individuellen Aufgabenkomplex zu betrachten, der z. B. durch unterschiedliche Ziele, Auftraggeber, Kunden, Lieferanten, mitwirkender Mitarbeiter, Arbeitsgruppen/-teams, Aufgabenobjekte und -inhalte, Organisationsformen, Rahmenbedingungen, Budgets oder Termine geprägt ist, dann wird diese sog. Einmaligkeit leichter zu erkennen, zu interpretieren und zu verstehen sein.

Projekte stellen – in komprimierter Form – Vorhaben dar, in denen verschiedene Arbeitsgruppen und/oder Personen aus unterschiedlichen Disziplinen und/oder Unternehmen versuchen, durch einen arbeitsteiligen Prozess in einem definierten Zeitfenster unter Einsatz festgelegter Ressourcen (z. B. Personal, Zeit und Geld) ein gemeinsam definiertes Arbeitsergebnis (Projekt(teil)ziele) zu erreichen.

Einen Auszug konkreter Projektbeispiele, die mit dem Einkauf oder im Einkauf in der Praxis bewerkstelligt werden, veranschaulicht Abb. 9. Bei den Projekten im und mit dem Einkauf handelt es sich um primär um über den Einkauf hinausgehende, strukturübergreifende Projektaufgabenstellungen, die nur gemeinsam mit anderen unternehmensinternen oder unternehmensexternen Organisationen, Einheiten, Abteilungen und/oder Funktionen realisiert werden können.

Die benannten Projekte weisen oft einen hohen Komplexitäts- und Schwierigkeitsgrad auf, den es durch die Projektierung und ein effektives wie effizientes Management zu vereinfachen und zu strukturieren gilt, damit eine erfolgreiche Bearbeitung und Bewältigung der thematischen Aufgabenkomplexe erfolgen kann.

Bei bestimmten Projekten aus der dargestellten beispielhaften Sammlung wird nicht nur, zusätzlich zum Einkauf, das Know-how einzelner Spezialisten aus verschiedenen Fachbereichen des eigenen Unternehmens benötigt, sondern darüber hinaus auch das der Zulieferer. Es erfolgt oft eine Zusammenführung und Bündelung spezifischen Know-hows über Unternehmens- und Fachgrenzen hinweg.

Bei allen in Projekten behandelten Aufgaben- und Problemstellungen besteht aber immer das Bestreben, die damit verbundenen Tätigkeiten nicht mehr hintereinander (sequenziell), sondern möglichst parallel (simultan) und in direkter Abstimmung anzugehen und zu realisieren, um neben den Leistungsnutzen auch Zeit-, Qualitäts-, Flexibilitäts- und Kostenvorteile zu generieren.

Als die größten Herausforderungen zur erfolgreichen Bearbeitung dieser spezifischen Aufgabenstellungen, die in einem individuellen Markt- und Unternehmensumfeld zu bewerkstelligen sind, können die Erreichung z. T. konkurrierender Zielgrößen, die anfängliche Unübersichtlichkeit und Uneinschätzbarkeit der Aufgabe und die Komplexität der Aufgabe angesehen werden.

Gerade aus dem Zwang zur Erreichung sich (teilweise) widersprechender Zieldimensionen resultieren teilweise enorme Schwierigkeiten für das Projekt und im Projekt. Die eventuell zu Konflikten führenden grundlegenden Zielarten sind Sach-, Termin- und Kosten-Ziele. Die Sachziele defi-

Projekte im und mit dem Einkauf

- Kostensenkungs- oder Kostenoptimierungsprogramme/-initiativen
- Reorganisation der Unternehmensabläufe und/oder -strukturen
- Aufgabenneuordnung bzw.- umstrukturierung
- Produktinnovation/-entwicklung
- Kundenaufträge (Neue oder geänderte Aufträge)
- Preis-/Kosten-/Qualitäts-Analysen
- Feasibility Studies (Machbarkeitsanalysen)
- Leistungssteigerungsprogramme bzw. Rationalisierungsvorhaben (Produktivität/Qualität/Effizienz etc.)
- (Neu-/Ergänzungs-)Investitionen (z.B. in Gebäude, Einrichtungen, maschinelles Equipment etc.)
- Identifizierung und Auswahl eines neuen bzw. veränderten Materials
- (Firmen-/Abteilungs-)Kooperationen
- Make-or/and-Buy-Entscheidungen (Eigenfertigung und/oder Auslagerung von Aufgaben, Arbeiten oder von Wertschöpfungsschritten)
- Identifizierung eines neuen Beschaffungsmarktes bzw. Anbieters
- Auswahl- und Bewertungssystematiken neuer Bezugsquelle bzw. bisheriger Lieferanten
- Komplexe Identifizierungs-, Klassifizierungs- und Beurteilungen von Anbietern und Lieferanten
- Lieferantenmanagementaktivitäten (gemeinsame Wertschöpfungsaktivitäten und -optimierungen)
- Reduzierung des Lieferantenstammes
- Ablösung bzw. Abkündigung eines Produktes bzw. Materials (eigen/fremd)
- Aufbau, Ausbau oder Umgestaltung des Lieferanten-Portfolios
- Tool-/Instrumenten-Einführungen bzw. -umstellungen (Wert-Analysen (Value Engineering oder Value Analysis)/Lieferanten- und Einkaufscontrollingtools/Audit/EDV-/IT-Implementierung etc.)
- eProcurement-Initiativen
- Personalqualifizierung

Abb. 9: Projektbeispiele im bzw. mit dem Einkauf (Auszug)

nieren, was erreicht werden soll (Dimension und Qualität). Die Kostenziele legen fest, welches Budget zur Verfügung steht bzw. was das Projekt kosten darf. Und mit dem Terminziel wird die Fristigkeit (End- und/oder Zwischentermin(e)) bestimmt. Hieraus ergeben sich oft Unstimmigkeiten, da z. B. höhere Qualitätsanforderungen oder eine ausgeprägtere Funktionalität bei (Neu-)Produkten meist eine längere oder intensivere Entwicklungs- und Produktionszeit nach sich zieht. Die höheren Zeitaufwendungen oder ein dazu notwendiger aufwändigerer Ressourceneinsatz von Projektmitarbeitern bedingen dann wiederum höhere Kosten. Die Integration, Beeinflussung und abgestimmte Zielerfüllung ist somit eine der Kernherausforderungen von Projekten.

Diesen gesamten Komplex der o. g. Herausforderungen versucht man durch ein professionelles Projektmanagement zu regeln. Management ist dann nicht als eine Führungshierachiestufe zu interpretieren, sondern als ein Funktionsspektrum der Aufgabengestaltung zur erfolgreichen Bewältigung von Projekten.

Projektmanagement bedeutet
- Planung,
- Führung,
- Realisierung,
- Koordination,
- Steuerung und
- Kontrolle des Projektes

unter Beachtung der zeitlichen und wirtschaftlichen Rahmenbedingungen.

Dabei wird ein Projekt als ein ganzheitliches, von anderen Systemen abgegrenztes Ganzes sein, das spezifische Funktionalitäten zu erfüllen hat. Das eigene Projektsystem besteht aus Elementen, die in bestimmten Beziehungen zueinander stehen und sich in unterschiedlichster Weise gegenseitig beeinflussen. Auch das Umfeld des Systems ist zu berücksichtigen, da hier zusätzliche Faktoren das (Projekt-)System beeinflussen. Das System trotz seiner Vielfältigkeit und Komplexität in seinem individuellen und sich z. T. wandelnden Umfeld zu gestalten, ist die Kernaufgabe des Projektmanagements.

Dies kann aber nur ermöglicht werden, wenn von Anfang an das gesamte System und dessen Umfeld erkannt wird. Der Gesamtkomplex und das Management des Systems können dann jeweils durch Strukturierung in eine Ordnung gebracht werden, die uns eine bessere Transparenz und Gestaltungseffizienz erlaubt. Ganzheitliches Denken und Handeln in Strukturen, Elementen, Prozessen und Zusammenhängen ist im Projektmanagement gefragt (s. Abb. 10).

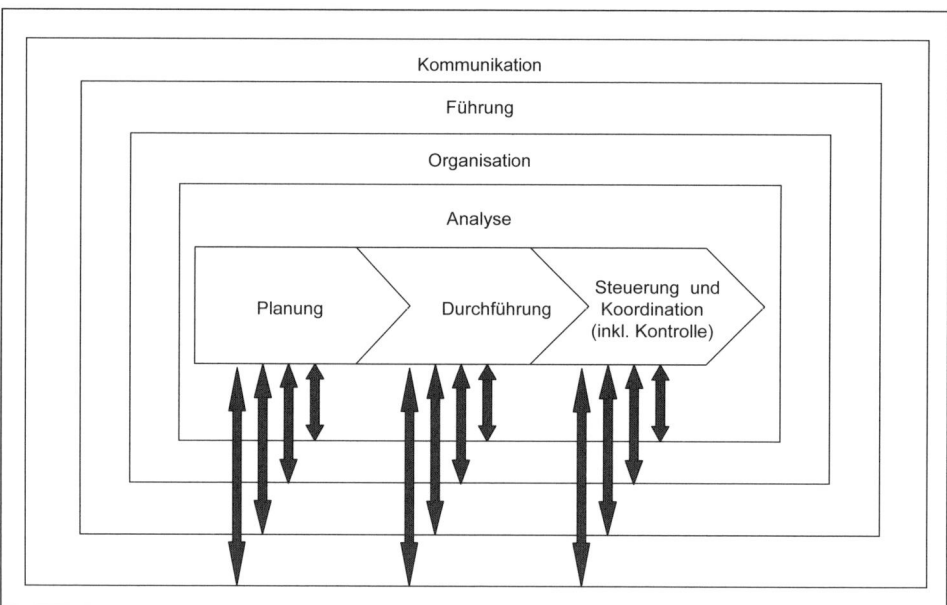

Abb. 10: Die Plattform des Projektmanagements

Die Projektorganisation in Form der Aufbauorganisation des Projektes und dessen damit zusammenhängende Einbindung in die Unternehmensorganisation (Hierarchie und Funktionszuordnung) bildet die Basis für das anzugehende Projekt. Auf der Basis eines einer umfassenden Umfeldanalyse erfolgt eine stringente Projektplanung (inkl. der Defintion des Projektauftrages und der zu erreichenden Ziele). Die Durchführung des Projektes wird durch eine konsequente Steuerung und Koordination ermöglicht. Die Einhaltung aller Vorgaben und die Überprüfung des jeweils aktuellen Zustandes werden über eine umfassende Kontrolle bewerkstelligt.

Mit Hilfe einer straffen Projektführung und einer sich auf das Notwendige und Wichtige konzentrierten Kommunikation erfolgt der Austausch der für das Projekt und innerhalb des Projektes benötigten Informationen.

Allerdings sind nicht immer alle Bestrebungen von Erfolg gekrönt, das Projektmanagement komplett und richtig zu verwirklichen. Missstände und Defizite gehören fast zum Projektalltag und sollen durch die o. g. Systematik reduziert bzw. minimiert werden. Mit welchen Zuständen Projektbeteiligte wie Projektbetroffene bspw. konfrontiert sind, zeigt das nächste Kapitel.

5.2   Status quo des Projektmanagements (Beispiel: Automotive Sektor)

Ein beeindruckendes und zugleich exemplarisches Beispiel des Status quo des Projektmanagements, dargestellt am Beispiel von (Produkt-)Entwicklungsprozessen unter Integration von Lieferanten, liefert eine Zustandsbeschreibung aus der Automobilindustrie, einer der projektintensivsten Branchen der Wirtschaft und stellvertretend für den enormen Druck der Arbeitsteilung innerhalb von Unternehmen und zwischen Unternehmen.

Eine Untersuchung der Euro Engineering (2006) bringt Sachverhalte und Defizite des täglichen Projektmanagements an die Oberfläche.

Auf die Frage, bei welchem Anteil der abgeschlossenen Projekte die angestrebten Produktziele erreicht worden wären, kamen folgende Ergebnisse zutage:
- 19 % der befragten Unternehmen konnten alle Projekte erfolgreich umsetzen,
- 2 % der befragten Unternehmen konnten weniger als die Hälfte die Projekte erfolgreich beenden,
- 54 % der befragten Unternehmen gaben an, bei 90 % der abgeschlossenen Projekte die Produktziele erreicht zu haben und
- 25 % der befragten Unternehmen konnten nur 75 % der Projekte erfolgreich abschließen.

Die Frage, bei welchem Anteil der abgeschlossenen Projekte die geplante Entwicklungszeit eingehalten worden wären, beantworteten die Unternehmen so:
- 5 % der befragten Unternehmen konnten die Entwicklungszeiten bei allen Projekten einhalten,
- 45 % der befragten Unternehmen gaben an, die Entwicklungszeiten bei 90 % der Projekte eingehalten zu haben,
- 33 % der befragten Unternehmen konnten die Entwicklungszeiten bei 75 % der Projekte einhalten,
- 17 % der befragten Unternehmen haben bei weniger als der Hälfte der Projekte die Entwicklungszeiten eingehalten.

Eine dritte Frage, die sich auf die Budgeteinhaltung bezog, brachte folgende Antworten:
- 1 % der befragten Unternehmen konnten bei allen Projekten das geplante Entwicklungsbudget einhalten,
- 32 % der befragten Unternehmen gaben an, bei 90 % der abgeschlossenen Projekte die geplanten Entwicklungskosten eingehalten zu haben,
- 45 % der befragten Unternehmen konnten nur bei 75 % der Projekte auf der Kostenseite erfolgreich abschließen,
- 22 % der befragten Unternehmen gaben an, weniger als die Hälfte der Projekte innerhalb des Kostenrahmens beendet zu haben.

Generelle Gründe für die unterschiedlichen Abweichungen im Projekt veranschaulicht die Abb. 11.

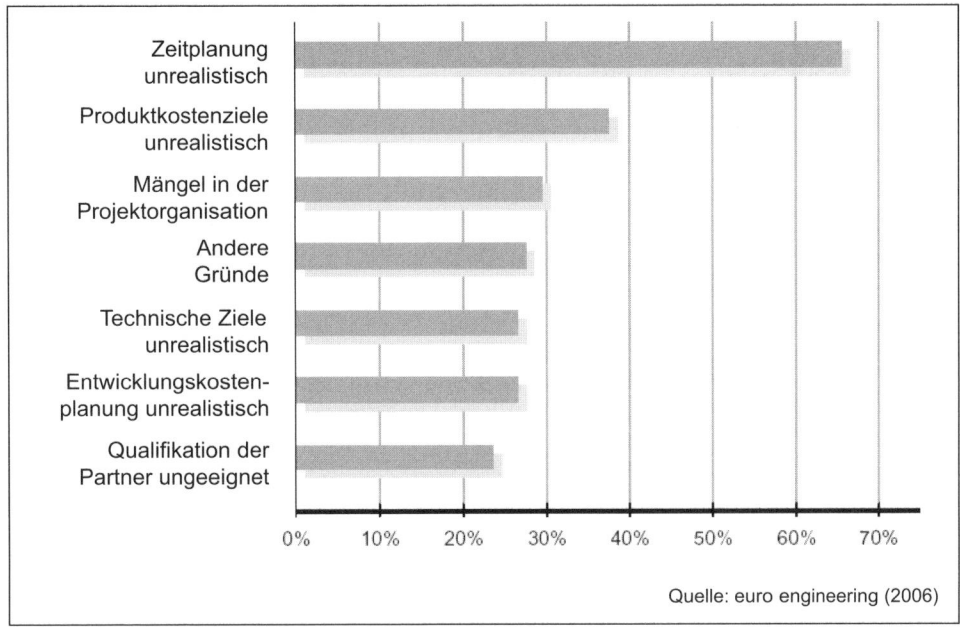

Abb. 11: Abweichungsgründe in Projekten

Aus dem Schaubild wird ersichtlich, dass die relevanten Abweichungsgründe klassifiziert werden können in unrealistische Ziel-, Zeit- und Kos-
tenplanungen sowie in organisatorische als auch qualifikationsbezogene
Mängel. Diese Defizite sind in nahezu jeder Projektsituation festzustellen
und es ist verwunderlich, dass trotz der langjährigen Kenntnisse der
immer wieder eintretenden, gleichen negativen Sachverhalte anschei-
nend immer noch keine genügende Sensibilität dafür besteht. Es ist dringend genau auf diese Gestaltungsfacetten zu achten. Angeeignetes
Know-how im Projektmanagement und Erfahrung bilden dann die geeignete Grundlage, um im Projekt immer besser, d. h. pass- und zielgenauer
planen und organisieren zu können.

5.3 Das Kostenbeeinflussungs-Erkenntnis-Dilemma

Verschärft wird die gesamte Situation zudem dadurch, dass bereits zu Beginn des Projektes oder zumindest in frühen Phasen weitreichende Entscheidungen zu treffen sind, obwohl nur wenige Informationen vorliegen (s. Abb. 12). Sowohl die benötigte Informationsmenge und -qualität sind hier oft nicht in dem vorgestellten Maße gegeben und eine objektive Einschätzung hinsichtlich Inhalt und Zeitpfad ist zum Teil sehr schwierig.

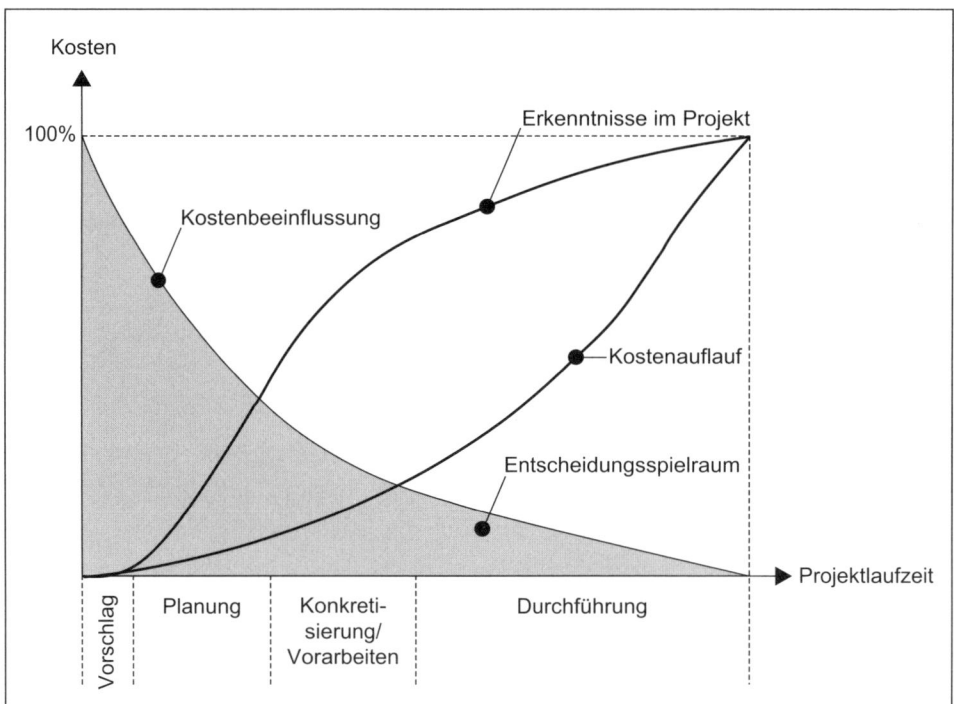

Abb. 12: Das Kostenbeeinflussungs-Erkenntnis-Dilemma

Erkenntnismenge und Kostenbeeinflussung entwickeln sich im Projektverlauf entgegengesetzt. Ein striktes methodisches Vorgehen in frühen Phasen führt zur Vorverlagerung und Qualitätsaufwertung von Erkenntnissen und letztendlich zu besseren Resultaten. Ein vollständiger Überblick in den frühen Phasen, d. h. während der Projektinitiierung und der Projektplanungsphase, über Stati und Entwicklungen von Einflüssen, Gegebenheiten, Sachverhalten, Rahmenbedingungen, Chancen und Risiken und

die damit einhergehenden Informationen über die Leistungs- und Kostenseite muss hier dringend angestrebt werden. Erst dieser gewährleistet
eine höhere Sicherheit für die Erreichung größerer Entscheidungsspiel-
räume, der besseren Einflussnahme auf Leistung und Kosten und der
besseren Erreichung des angestrebten Ergebnisses.

5.4 Unterlassungssünden am Beispiel Projektstart

Gerade beim Projektbeginn bzw. der Projektinitiierung sind bei Projekten
immer wieder gleichartige Unterlassungen und Defizite festzustellen.
Trotz z. T. intensiver Projekterfahrung schleichen sich diese nicht nur bei
Anfängern oder noch nicht so Erfahrenen, sondern sogar bei Personen
ein, die bereits viele Projekte bewerkstelligt haben. Zu den hier festzustel-
lenden Unterlassungssünden gehören z. B.:

- Anlass und Problemstellung der anstehenden Herausforderung sind
  nicht klar definiert und/oder beschrieben.
- Über den Projektimpuls und die Problemstellung besteht bei den Betei-
  ligten kein Konsens.
- Es ist nicht eindeutig auszumachen, wer der eigentliche Auftraggeber
  ist und welche Interessen verfolgt werden.
- Die Zielsetzung(en) ist/sind unbekannt oder unrealistisch bzw. wird/
  werden kontinuierlich geändert.
- Es gibt nur diffuse Vorstellungen des Auftraggebers, aber keine Ziele.
- Eine dezidierte Projektplanung wird versäumt.
- Die konkreten Aufgaben sind nicht eindeutig definiert.
- Den Projektbeteiligten ist nicht vermittelt, welche spezifischen Auf-
  gaben von Ihnen im Projekt bewerkstelligt werden sollen und wie sie
  dies zu tun haben.
- Die Erfolgskriterien des Projektes sind unklar und oft weiß man nicht,
  mit welchen Maßstäben am Ende gemessen wird.
- Dadurch verschieben sich im Laufe der Projektdurchführung immer
  wieder Projektschwerpunkte bzw. Projektprioritäten.
- Die Zeitperspektiven sind unrealistisch, werden aber nicht in Frage
  gestellt.
- Auf dem Projekt lasten bereits Hypotheken, die in der Planung nicht
  berücksichtigt werden.
- Das Projekt ist Risiken unterworfen, die weder erkannt noch bewertet
  sind.

- Risiken werden tabuisiert oder wenn eine Sensibilität dafür vorhanden ist, nicht konsequent identifiziert.
- Die bereits bestehende Projektlandschaft mit ihren Abhängigkeiten und Vernetzungen wird nicht oder zu wenig beachtet. Laufende, d. h. bereits begonnene und parallel existente Projekte werden trotz ihrer möglichen Auswirkungen auf das neu initiierte Projekt gar nicht oder zu wenig berücksichtigt.
- Man bedenkt nicht, dass Projekte in eine bestehende Unternehmenskultur hineinwirken oder, umgekehrt, abhängig von ihrer Unterstützung sind.
- Es wird zu wenig überlegt, welche konkreten Kompetenzen, Profile, Fähigkeiten, Fertigkeiten und Erfahrungen die Projektbeteiligten benötigen, um den gewünschten Projekterfolg zu erzielen.
- Die im Projekt eingesetzten Mitarbeiter sind überfordert, auch wegen fehlender technischer und/oder betriebswirtschaftlicher und Sozial-Kompetenzen bis hin zu fehlenden oder eingeschränkten Projektmanagementkenntnissen und -erfahrungen.
- Die Frage nach den notwendigen (quantitativen und qualitativen) Ressourcen wird viel zu spät gestellt oder ganz unterdrückt.

Die daraus resultierenden Wirkungen aus diesen Unterlassungssünden nach einer zu Beginn eigentlich oft offenen Bereitschaft bis hin zu einem Enthusiasmusgefühl bei den Projektinitiatoren und dem Projektteam, endlich Neues anzustoßen und/oder Missstände zu beseitigen, sind negativer Natur. Sie können als Enttäuschung, Desillusionierung, Frust, Ärger, Schuldzuweisungen etc. festgestellt werden. Dies führt über den schlechte(re)n Start entweder zu einer Verlängerung oder Verteuerung des Projektes oder gar zur Verfehlung oder Nichterfüllung der Projektabsicht und nicht selten zu einem Projektabbruch.

Umso wichtiger sind genaue Kenntnisse im gesamten Projektablauf und über mögliche Unterlassungen oder schlechte Ausführungen.

Klarheit kann man aber nur erhalten, wenn man den generellen Phasenablauf eines Projektes genau kennt.

5.5   Der Ablauf eines Projektes und seine Projektphasen

Wie bei jedem dynamischen Prozess ist auch bei einem Projektprozess ein genereller, für alle Projekte gültiger Phasenablauf festzustellen, der in 4 Hauptphasen aufgesplittet werden kann. Diese sind:
1. die Projektauftragsphase
2. die Projektplanungsphase
3. die Projektrealisierungsphase und
4. die Projektabschlussphase.

Diese Phasen und deren Teilphasen sind im Überblick in Abb. 13 dargestellt und im Folgenden kurz beschrieben. Eine ausführlichere Behandlung der Phaseninhalte wird in den kommenden Kapiteln vollzogen.

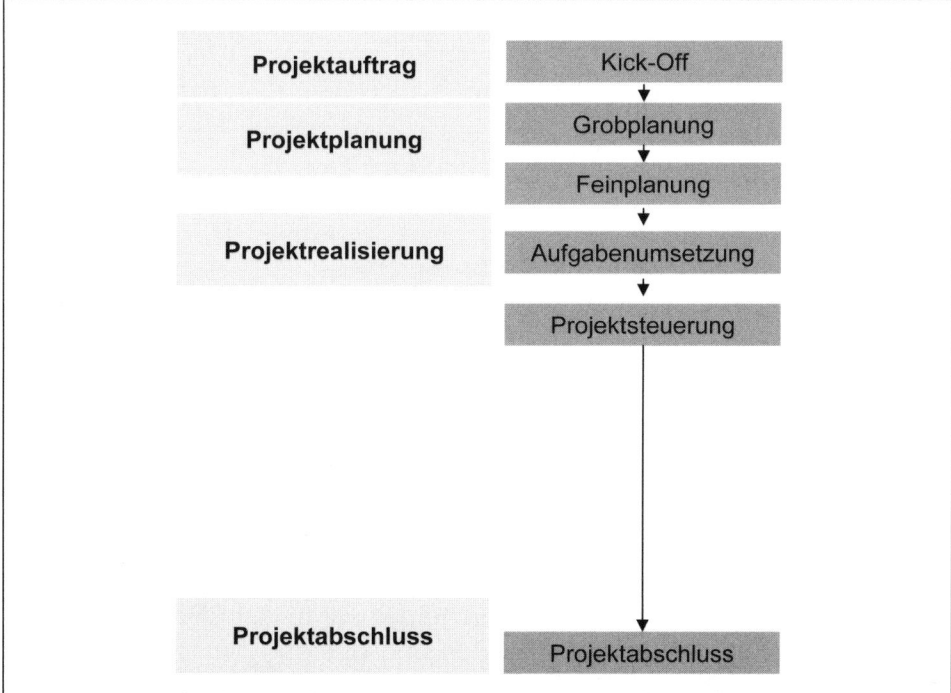

Abb. 13: Der Lebenszyklus eines Projektes und seine Phasen

45

Zu 1. Die Projektauftragsphase

Zu der Projektauftragsphase gehören die grundlegende Projektauslösung, die Projektgrobdefinition und die Projektinitiierung. Dazu sind Fragen zu stellen und zu beantworten wie z. B.

- Was ist das eigentliche Vorhaben, das wir angehen wollen?
- Ist das geplante Vorhaben ein Projekt im definierten Sinne?
- Was ist/sind Auslöser des Projektes?
- Aus welcher Problemstellung oder Herausforderung resultiert das Vorhaben?
- Was soll der Zweck des Projektes sein?
- Welche generelle(n) Zielstellung(en) lässt/lassen sich für das Projekt formulieren?
- Wann sind der Startzeitpunkt und der Abschlusszeitpunkt für das Projekt?
- Wer ist an dem Projekt beteiligt bzw. ist im Projekt mit zu berücksichtigen?
- Wer ist von dem Projekt betroffen?
- Welche Projektorganisation legen wir dem Vorhaben zugrunde?
- Welches Projektbudget steht zur Verfügung?

Die Antworten auf diese grundlegenden Fragen erlauben, einen ersten generellen Projektauftrag zu formulieren. Dieser ist in dem Folgeschritt der Planungsphase weiter aufzuschlüsseln, zu verfeinern und zu konkretisieren.

Es ist sinnvoll, zu Beginn des Projektes die Teammitglieder mit einem Projekt-Kick-Off auf das beabsichtigte Projekt einzustimmen und den Projektauftrag inkl. der Projektziele vorzustellen. Es werden so z. B. der Projektanlass präsentiert, ein erster (zumeist grober) inhaltlicher Projektrahmen abgesteckt, das/die Projektkernziel(e) definiert und ein erstes Zeitfenster für den Beginn und den Abschluss des Projektes festgelegt. So kann eine erste Grundlage für eine gemeinsame Identifikation mit dem Projekt geschaffen und für eine offene und direkte Kommunikation und Information aller Beteiligten sensibilisiert werden.

Zu 2. Die Projektplanungsphase

Diese Phase beschäftigt sich mit der konsequenten Vor- und Durchplanung des Projektes, wobei in eine Grobplanung und eine darauf aufbauende Feinplanung unterschieden werden kann. Die hier zum Einsatz kommenden wichtigsten Instrumente und Methoden werden ausführlich in Kap. 8 vorgestellt.

Es ist der Projektauftrag exakt und möglichst vollständig zu erfassen und zu formulieren, auf dem eine sinnvolle Strukturierung der Teilaufgaben – auch in Form von Arbeitspaketen – erfolgen kann. Es werden konkretere Planungen vollzogen z. B. bezgl. der Ziele, Aufgaben, Meilensteine, Termine, Ressourcen (Personal, Instrumente etc.) und Finanzen (Kosten). Zum Teil werden hierzu Lastenhefte verfasst. Als Rahmenbedingung ist eine eindeutige Struktur- und Ablauforganisation, die Feststellung des Projektumfeldes, die Analyse, das Reporting und die Steuerung des jeweiligen Projektfortschrittes als auch der aktuellen und zukünftigen Risiken und der (Re-)Aktionsmaßnahmen festzulegen.

Zu 3.   Die Projektrealisierungsphase
Im Rahmen dieser Projektphase findet die eigentliche Umsetzung der geplanten Aktivitäten zur Erreichung der geplanten Leistungs- und Kostenniveaus in den angestrebten Zeitfenstern statt. Die Projekthauptaufgaben werden in Form verschiedener Arbeitspakete systematisch abgearbeitet und kontinuierlich mit Hilfe eines konsequenten Monitorings gesteuert. Dabei sind sowohl der Projektfortschritt und der Grad der (Nicht-)Zielerreichung durch Soll-Ist-Analysen (z. B. der Meilensteine) zu überwachen und geeignete Maßnahmen, die bereits in der Planungsphase voreruiert werden können, in Form von Steuerungsinitiativen zu realisieren.

Zu 4.   Die Projektabschlussphase
Nicht nur der Projektstart ist wichtig, sondern ebenso der Projektabschluss. Hier findet ebenso die Entlastung des Projektleiters und des Projektteams statt. Geht es dem Projektende zu, sind im Rahmen der Projektauswertung nochmals alle Projektinitiativen zu betrachten und zu bewerten und die (nicht) erreichten Ziele zusammenfassend darzustellen. Es sind ggf. noch offene Vorgänge und Aktivitäten eindeutig zu beschreiben, mit einem Termin zu hinterlegen und dann an einen Verantwortlichen der Linie zu übertragen, damit hier die noch zu erledigenden Aufgaben zum Erfolg geführt werden können. Die Projektmitarbeiter sind wieder in die Linienorganisation zu integrieren. Eine Projektabschlusssitzung und ein Projektabschlussbericht sind finale Elemente des Projektmanagements.

Zur erfolgsorientierten Bewerkstelligung eines Projektes gehört unabdingbar die richtige, d. h. eine dem Projektinhalt und -umfang als auch der Projektbedeutung angemessene Projektorganisationsform. Verschiedene Gestaltungsalternativen, die die organisatorischen Grundlagen für ein professionelles Management symbolisieren, stellt das folgende Kapitel vor.

6. Die Projektorganisation als Element effektiven Projektmanagements

6.1 Unternehmens- und anforderungsgerechte Organisationsform des Projektes

Agiert das eigene Unternehmen nicht selbst im Projektgeschäft (z. B. im Sondermaschinenbau, Anlagenbau, Schiffs-, Schienenverkehrssystem- oder Flugzeugbau etc.), wo man Projekt(management)-Know-how voraussetzen können sollte, dann werden Projekte in vielen Fällen in der vorhandenen Unternehmensorganisationen als störende Initiativen angesehen, die in das sonstige Tagesgeschäft eingreifen. Projekte als „Fremdkörper" stellen Störungen im normalen Unternehmensablauf dar, weil sie vom Tagesgeschäft abweichen und dann noch Außergewöhnliches initiieren und erreichen wollen. Die Integration dieses „Störfaktors Projekt" in die jeweils bestehende Unternehmensorganisation, mit dem eine Uneinschätzbarkeit und mögliche Instabilität des Gewohnten einhergeht, ist für jeden Betrieb eine große Herausforderung, die über den (Miss-)Erfolg eines Projektes mit entscheidet.

Es sollte allen am/im Projekt beteiligten Personen klar sein, dass ein Projekt ein Aufgabenkomplex ist, der durch die Natur der Sache sehr oft die Beteiligung verschiedenster Funktionsbereiche bzw. Disziplinen eines Unternehmens erforderlich macht. Hier liegt auch eine entscheidende Problematik. Der Projektleiter greift auf Mitarbeiter zu, die in der Regel fachlich und/oder disziplinarisch einen Fachvorgesetzten haben. Dieser Fachvorgesetzte kann unter Umständen andere oder sogar gegensätzliche Ziele verfolgen als die des Projekts.

Arbeiten dann auch noch unterschiedliche, rechtlich selbstständige Unternehmen in Form eines Zulieferers und Abnehmers in einem Projekt zusammen – z. B. hinsichtlich des Aufbaus eines gemeinsamen Logistikprocederes inkl. Lagerhaltungs- und Belieferungsstrategien sowie der dazu notwendigen Lager-, Transport- und IT-/EDV-Infrastruktur oder der gemeinsamen Entwicklung eines neuen Produktes oder Werkstoffes –, erfordert dieses unternehmensübergreifende Vorhaben sogar die Beteiligung verschiedener Funktionsbereiche von mindestens zwei Unternehmen. Dann ist ein gemeinsames Projektteam mit Einbindung der verschiedenen technischen und kaufmännischen Disziplinen zu gründen, in der ein Unternehmen bestimmend sein sollte und die Projektverantwortung tragen muss. Die Organisationsform des Projektes im jeweiligen Unternehmen richtet sich dann ebenfalls an den folgend dargestellten Organisationsformen aus.

Die zwei Kernfragen lauten nun:
• Wie ist das Projekt organisatorisch mit der bestehenden Unternehmensorganisation zu verknüpfen?
• Und wer hat nun das Sagen?

Dies sind zwei der wesentlichen Aspekte, die durch die Projektorganisation geregelt werden sollen. Prinzipiell existieren 3 Organisationsformen, die auch bei unternehmensübergreifenden Projekten Verwendung finden:
• Task Force-Projektmanagement
• Koordinations-Projektmanagement und
• Matrix-Projektmanagement.

Task Force-Projektmanagement
Die Mitarbeiter werden zeitlich befristet aus ihren Herkunfts-Funktionsbereichen und aus ihrem Tagesgeschäft herausgelöst, werden einer gesondert gebildeten Projektorganisation zugeordnet und gehören dieser als Projektteammitglieder an. Der Projektleiter fungiert als Leiter dieser Organisationseinheit. Die Teammitglieder können sich mit dem Projektleiter voll und ganz dem Projekt widmen und stehen dem Projekt komplett zur Verfügung.

Eine mögliche Strukturierung dieser PM-Organisationsform gestaltet sich wie folgt (s. Abb. 14):

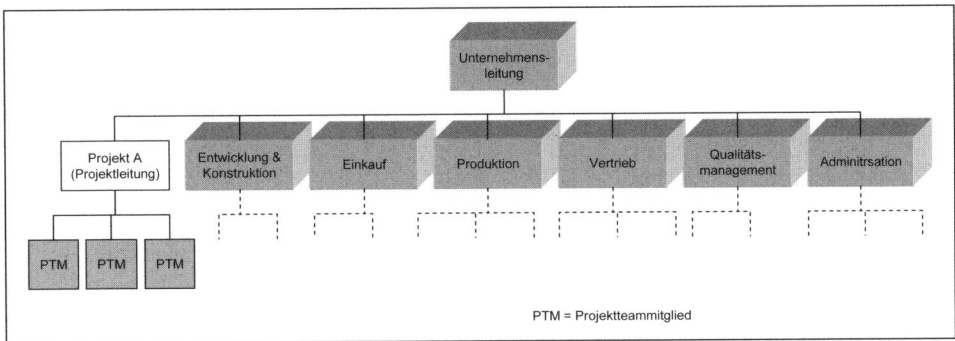

Abb. 14: Organisationsform eines Task Force-Projektmanagements

Einige Merkmale kennzeichnen diese Organisationsform zusätzlich. Zum ersten ist die Projektorganisation als eine selbstständige Organisationseinheit ausgelegt. Zum zweiten hat der Projektleiter – als temporärer Vorgesetzter – volle Weisungsbefugnisse gegenüber den Teammitgliedern. Drittens trägt er die komplette Verantwortung für die Erreichung der Sach-, Termin- und Kostenziele.

Zur Anwendung kommt diese Form der Projektorganisation bei Projekten, die einen großen Arbeits- und Zeitaufwand wegen ihres Umfanges und ihrer Komplexität erfordern und eine hohe Bedeutung für das Unternehmen haben.

Selbst bei unternehmensübergeifenden Projekten werden in beiden Unternehmen solche Task Forces gebildet, um deren Wirken aber in einem gemeinsamen Lenkungsausschuss dann wieder abzustimmen.

Koordinations-Projektmanagement
Beim Koordinations-Projektmanagement bleiben Mitarbeiter in ihren derzeitigen Funktionen. Der Projektleiter ist eine Art „Bittsteller", der als Projektkoordinator die Aufgabenumfänge jedes Mal mit den Vorgesetzten der Projektmitarbeiter aushandeln muss und somit eine z. T. ausgeprägte Abhängigkeit gegenüber den anderen Fachvorgesetzten hat. Einen Überblick über die Gestaltungsform des Koordinations-Projektmanagement erlaubt Abb. 15.

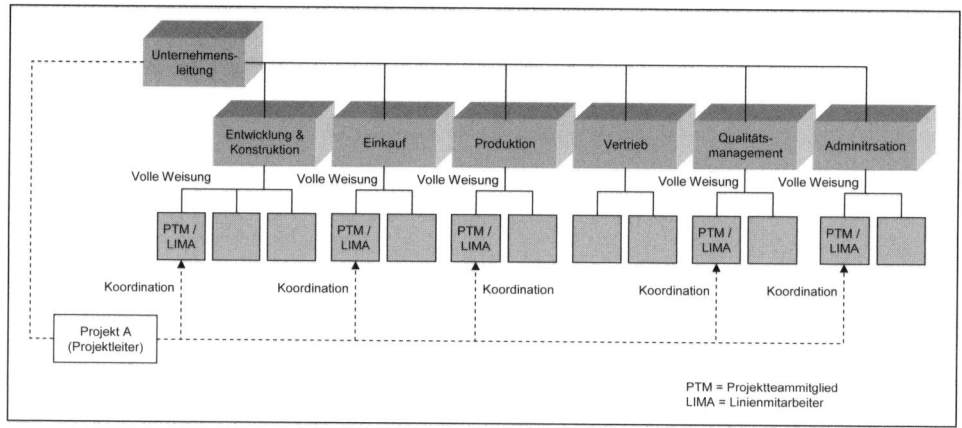

Abb. 15: Organisationsform eines Koordinations-Projektmanagements

Das Projektmanagement ist durch die Zusammenarbeit mehrerer Sach-
bereiche unter der Koordination des Projektleiters geprägt. Dabei nimmt
der Projektleiter eine Stabstelle ein oder/und ist Linienmitarbeiter.

Bei dieser Organisationsform hat der Projektleiter keinerlei Weisungsbefugnisse gegenüber den Teammitgliedern. Er koordiniert sie mittels
seines fachlichen und persönlichen Einflusses. Der Projektleiter ist verantwortlich für den aktuellen Informationsstand des Projektentscheiders/-
auftraggebers und der Teammitglieder sowie für die Qualität der von ihm
erstellten Entscheidungsvorlagen. Er hat wegen seines Abhängigkeitsver-
hältnisses von der Weisungsbefugnis der Linienvorgesetzten jedoch
nahezu keine Möglichkeit der direkten Beeinflussung der Sach-, Termin-
und Kostenziele und kann somit eigentlich nicht für deren (Nicht-)Errei-
chung verantwortlich gemacht werden.

Gute Projektleiter schaffen es aber auch in dieser Organisationsform des
Projektes sich zu behaupten und durchzusetzen, da sie entweder durch
Ihre Kompetenz, Ihre Hierarchiestellung, Ihr persönliches Auftreten und
ihrem Netzwerk-/Beziehungsmanagement im Unternehmen (zu Personen
auf gleicher oder höherer Hierarchiestufen) eine hohe Akzeptanz erfahren.

Dieses Behauptungs- und Durchsetzungsvermögen gilt auch für unternehmensübergreifende Projekte, bei denen diese Wirkprinzipien ebenfalls greifen.

Genutzt wird die Koordinations-Projektorganisation vor allem bei kleiner und mittlerer Projektdimensionen und Projektbedeutung für das Unternehmen. Produktvariationen, prozessuale Modifizierungen in Unternehmensabläufen, die Implementierung von Tools und Methoden in einem Fachbereich sind beispielhafte Anwendungsprojekte.

Matrix-Projektmanagement

Bei der matrixausgerichteten Projektorganisation hat der Projektmitarbeiter parallel zwei Chefs und ist sozusagen „Der Diener zweier Herren", weil er neben der Mitwirkung in der Projektorganisation weiterhin in der Linie tätig bleibt. Sowohl der/die Linienvorgesetzte(n) als auch der Projektleiter beanspruchen eine gewisse Weisungsbefugnis gegenüber dem Mitarbeiter. Hier ist es sehr wichtig, genau zu definieren und zu beschreiben, wer welche Befugnisse hat. Zumeist sind die Mitarbeiter auf der einen Seite in den dem Funktionsbereich entsprechenden, nicht-projektbezogenen Aufgabenstellungen und in administrativer Hinsicht dem Linienvorgesetzten unterstellt, auf der anderen Seite nimmt der Projektleiter in Projektbelangen sein mit der Linie vereinbartes Zugriffs- und Weisungsrecht wahr. Abb. 16 stellt eine Übersicht über die Matrix-Projektmanagement-Organisation dar.

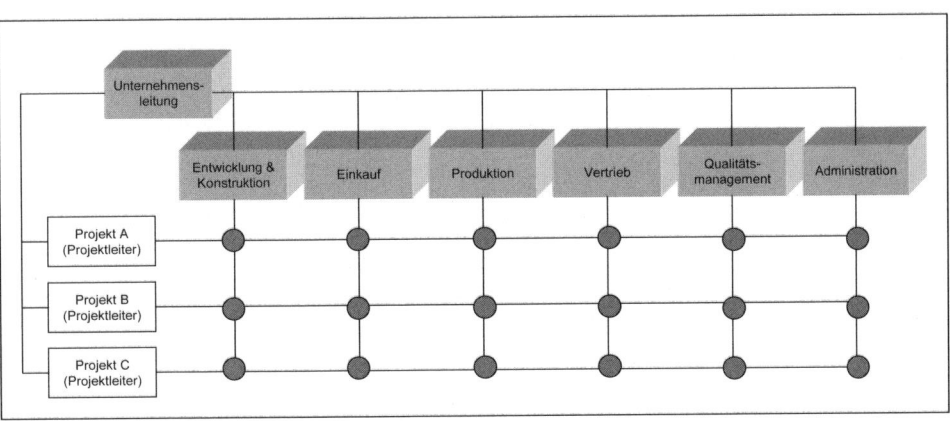

Abb. 16: Organisationsform eines Matrix-Projektmanagements

Die Projektteammitglieder unterstehen somit gleichzeitig dem Projektleiter und ihrem Linienvorgesetzten. Das Projektmanagement gestaltet die Zusammenarbeit mehrerer Fachbereiche unter der Projektleitung und durch die Projektleitung, die im Projekt sitzt.

Der Projektleiter trägt mindestens die Verantwortung für die Erreichung der Termin- und Kostenziele. Die Linienvorgesetzten tragen entsprechend ihren Befugnissen eine (zumeist inhaltliche, ihrem jeweiligen Kompetenz- und Verantwortungsgebiet entsprechende) Mitverantwortung. Zu regeln ist hier eine eindeutige Kompetenz- und Verantwortungsabgrenzung zwischen Linie und Projekt.

Der Einsatzbereich dieser Organisationsform in der Praxis ist trotz dieser möglichen Organisationsüberschneidungen und den damit einhergehenden Risiken umfassend und vielfältig. Diese Form eignet sich vor allem bei solchen Projekten, bei denen die Nutzung funktionsübergreifenden Know-hows und Do-hows erst einen Projekterfolg ermöglicht. Wie gesagt: Klare und eindeutige Regelungen in den o. g. Punkten sind zwingend notwendig.

6.2   Projektgremien

Viele Aspekte in einem Projekt können nicht oder nur bedingt durch das Projektteam selbst entschieden werden. Aus diesem Grund ist es für einen guten Projektablauf wichtig, von Anfang an zu klären, welche Führungskräfte an den Entscheidungen, die im Projekt anstehen, beteiligt sind. Hierfür hat sich der Projektleiter zu überlegen, welche bestehenden Entscheidungsgremien er für sein Projekt nutzen kann oder wo er ein separates Managementgremium vorzuschlagen hat. Wichtig ist in diesem Zusammenhang, dass diese Gremien auch zeitnah Entscheidungen treffen können. Es nützt einem Projekt gar nichts, wenn ein Gremium monatlich oder vierteljährlich tagt, Entscheidungen aber wöchentlich anstehen. Als sinnvoll hat sich ein sog. **Lenkungsausschuss** im Sinne eines Steuerungsgremiums heraus kristallisiert. Dieser Lenkungsausschuss (manchmal auch **Steuerkreis** oder **Projektausschuss** genannt) übernimmt die Kernaufgabe, die wichtigen Entscheidungen im Projekt zu treffen.

Der **Lenkungsausschuss** steht z. B. für
- Zielvorgaben für ein Projekt vor/beim Projektstart
- Vereinbarung der Ziele mit dem Projektleiter,
- Unterstützung des Projektteams während der Projektlaufzeit (z. B. den Rücken frei halten, Entscheidungen außerhalb der Projektorganisation in der Linienorganisation vorbereiten und in diese einspeisen)
- Treffen der wesentlichen Projektentscheidungen und Stellung der Weichen,
- Überwachung der Zielerreichung (Leistung, Termine und Kosten) und
- Entlastung der Projektleiter und des Projektteams zu den Meilensteinzeitpunkten (die Erreichung der jeweiligen Ziele vorausgesetzt) und am Projektende.

Der Projektauftraggeber – in Funktion z. B. des Lenkungsausschusses – sollte derjenige sein, der auch das unternehmerische Risiko des Projektes trägt.

Der **Projektleiter** ist zentrale Funktion in der Projektorganisation und hat zahlreiche Rollen wahrzunehmen, die in der Abb. 17 aufgezeigt sind. Er steht als Planer, Initiator, Koordinator, Coach, Antreiber, Berater (z. T. als Fachspezialist), Mentor, Moderator und Projektführungskraft im Zentrum des Projektes.

Der **Projektleiter** hat dabei ein umfangreiches und komplexes Aufgabenumfeld zu bewerkstelligen. Dazu gehören:
- Termin-, kosten- und leistungsgerechte Projektabwicklung,
- Planung, Steuerung und Überwachung der Projektarbeit,
- Leitung des Projektteams,
- Auswahl und Zusammensetzung des Projektteams,
- Strukturierung des Gesamtprojektes in Teilaufgaben,
- Zusammenfassung zu Gesamtberichten,
- Beschaffung und Auswertung projektrelevanter Informationen,
- Informationsversorgung des Auftraggebers und des oberen Führungskreises in Form der Berichterstattung,
- Abstimmung mit diesen Organen,
- Kommunikation mit Projektpartnern sowie
- Herbeiführen von Entscheidungen beim Auftraggeber und deren Vermittlung an das Projektteam.

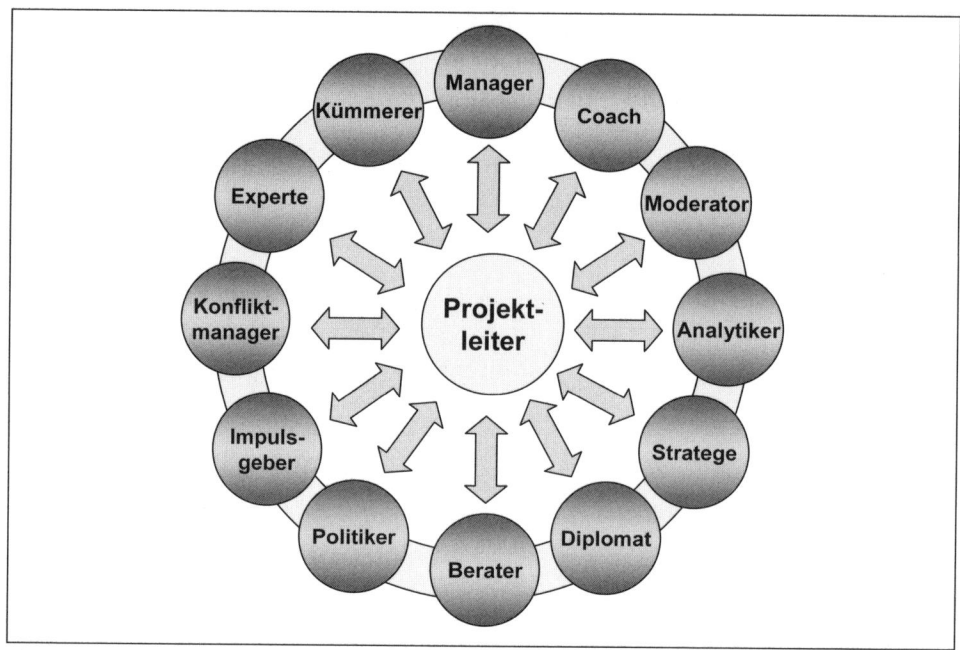

Abb. 17: Das Rollenspektrum eines Projektleiters

Als Verantwortung und Kompetenzbereich des Projektleiters ist weiterhin die Sicherstellung der Projektziele, die Budget- und Kostenverantwortung, die inhaltliche Ergebnisverantwortung, das projektbezogene fachliche und disziplinarische Weisungsrecht gegenüber den Teammitgliedern, die Einforderung von Kapazitäten bzw. fachlichem Know-how der Linie, die Schaffung organisatorischer Voraussetzungen, die Vergabe von Aufträgen und die Funktion als Ansprechpartner für alle Projektangelegenheiten innerhalb und außerhalb des Unternehmens zu zählen.

Die **Projektteammitglieder** sind die ausführende Gewalt im Projekt und symbolisieren oft die Kompetenzträger in fachlichen, sozialen oder Management-Belangen.

Sie haben bspw. folgende Aufgaben:
* Unterstützung des Projektleiters in allen Projektbelangen,
* selbstständige Strukturierung und Konzeptionierung der von Ihnen zu realisierenden Projektteilaufgaben bzw. Arbeitspakete,

- selbstständige oder unterstützende Bearbeitung von Teilaufgaben und Teilprojekten (zumeist in Form von Arbeitspaketen),
- Berichterstattung an den Projektleiter,
- Erarbeitung von Entscheidungsvorlagen und
- sofortige Information des Projektleiters bei Problemen.

Zu den Verantwortungen und Kompetenzen der Teammitglieder zählen dann z. B. die Sicherstellung der Projektziele in Bezug auf Leistung, Termin und Kosten, die termin- und kostengerechte Aufgabenerledigung sowie rechtzeitige Einforderung von Kapazitäten über den Projektleiter von den operativen Linienbereichen.

Es ist von außerordentlicher Relevanz und Bedeutung, die Rollen der am Projekt Beteiligten genau zu definieren, zu beschreiben und abzugrenzen. Hierfür kann die Logik des Instrumentes der **AKV-Matrix (= Aufgaben – Kompetenzen – Verantwortung)** verwendet werden.

Im Folgenden sollen Beispiele für ausführliche AKVs für die angeführten Projektgremien vorgestellt werden.

6.3   Rolle Lenkungsausschuss

Die Rolle des Lenkungsausschusses lässt sich z. B. folgendermaßen beschreiben und darstellen (s. Abb. 18):

Aufgaben	Kompetenzen	Verantwortungen
• Vorbereitung und Durchführung einer konstituierenden Sitzung und Festlegung der weiteren Modalitäten • Benennung des Projektleiters und der Teammitglieder • Ausstattung des Projektleiters mit Ressourcen und Macht • Information der betroffenen Bereiche über das Projekt	• Entscheidung über Projektleitung und Teammitglieder • Entscheidung über die vom Projektteam vorgelegten Planungsergebnisse • Entscheidung über Ressourceneinsatz • Entscheidung über Zielkorrekturen und mögliche Auftragsänderungen	• Gesamtverantwortung für Zielerreichung • Verantwortung über Budget, Kosten und Wirtschaftlichkeit • Verantwortung für die Prioritätensetzung zwischen Projekt und Linienorganisation und daraus folgenden Konsequenzen

Aufgaben	Kompetenzen	Verantwortungen
• Teilnahme an den mit dem Projektleiter vereinbarten Meilensteinsitzungen • Überwachung des Projektteams hinsichtlich der Erfüllung des Projektauftrages durch Abnahme der Meilensteinergebnisse • Durchsetzung der vom Projektteam vorgelegten und positiv entschiedenen Planungsergebnisse in der Linienorganisation • Klärung von Konflikten zwischen Projekt und Linie • Entlastung des Projektteams am Projektende	• Entscheidung über Projektfortsetzung, -stopp und -abbruch	• Verantwortung für die Überwachung der Projektrisiken

Abb. 18: AKV-Tableau der Rolle „Lenkungsausschuss"

6.4 Rolle Projektleiter

Der Rollenkomplex des Projektleiters könnte mit folgender AKV-Matrix erfasst und abgegrenzt werden (s. Abb. 19):

Aufgaben	Kompetenzen	Verantwortungen
• Steuert die Projektarbeit so, dass die Projektziele realisiert werden • Definiert mit dem Entscheider den Projektauftrag. • Konkretisiert den Projektauftrag und prüft die Realisierbarkeit des Gesamtauftrages • Holt alle projektrelevanten Informationen ein und informiert die Teammitglieder • Informiert die Linienorganisation • Plant die Projektaufgaben	• Disziplinarische Weisungs-befugnis gegenüber den Teammitgliedern • Funktionale Weisungsbefugnis gegenüber den Teammitgliedern • Fachliche Weisungsbefugnis gegenüber den Teammitgliedern • Verfügung/Verwaltung über genehmigte Projektressourcen	• Einhaltung der Termine • Einhaltung der Kosten • Erreichung der Ergebnisse • Erreichung der Projektziele • Verantwortung für den Informationsstand des Entscheiders • Verantwortung im Rahmen der ihm

Aufgaben	Kompetenzen	Verantwortungen
• Erarbeitet einen Meilenstein-plan • Plant Kosten, Ressourcen und Zwischenziele • Ermittelt den Bedarf an Ressourcen und Kapazitäten und klärt diesen mit der Linienorganisation ab • Schlägt dem Entscheider Teammitglieder vor, benennt Stellvertreter • Legt Arbeitszeit für die Teammitglieder einschließlich Urlaub, Kurse etc. in Abstimmung mit den FK fest • Bereitet Teamsitzungen vor und leitet diese • Stellt das Ausarbeiten von Lösungsvorschlägen sicher und bewertet diese • Führt Soll/Ist-Vergleiche für Termine/Kosten/Zwischenergebnisse durch • Bereitet Meilensteinsitzungen vor • Meldet gravierende Abweichungen zwischen Meilensteinsitzungen • Stellt die Projektdokumentation sicher • Stimmt seinen projektspezifischen Kompetenzrahmen mit dem Entscheider ab • Stellt sicher, dass das Projekt nach Projektmanagement-Regeln abgewickelt wird	• An Weisungen des Projektentscheiders und nicht an Weisungen der Linie gebunden • Projektleitung begründet ablehnen • Teammitglieder vorschlagen • Entscheidung über Lösungsvorschläge und deren Vorlage beim Entscheider • Entscheidung über Art und Umfang der Informationen an die Linienorganisation • Entscheidung über Teilnahme von Teammitgliedern und Projektmitarbeitern an Meilensteinsitzungen • Vetorecht bei Teamentscheidungen • Entscheidungen im Konfliktfall innerhalb des Teams • Zugang zu allen projektrelevanten Informationen	übertragenen Kompetenzen • Definition der Risiken

Abb. 19: AKV-Tableau der Rolle „Projektleiter"

6.5   Rolle Teammitglied

Die Rolle der Teammitglieder umfasst ebenfalls ein ansehnliches Spektrum an Aufgaben, Kompetenzen und Verantwortungen und ist beispielhaft derart zu strukturieren (s. Abb. 20):

Aufgaben	Kompetenzen	Verantwortungen
• Projektmitarbeiter vorschlagen • Projektarbeit für die übernommenen Teilaufgaben so steuern, dass das Projektziel/die Ergebnisse realisiert werden • Meilensteingefährdende Abweichungen sofort dem Projektleiter melden • Bei der Planung des Gesamtprojektes mitwirken • Seine Teilaufgaben planen • Alle projektrelevanten Informationen einholen • Bedarf der Ressourcen und Kapazitäten ermitteln und diesen mit dem Projektleiter und der Linie abklären • Entscheider an den Meilensteinterminen über den Stand des Projektes informieren • Linienorganisation informieren • Ressourcen der Teilaufgabe verwalten • Direkten Vorgesetzten über benötigten Ressourcenbedarf informieren • Teilaufgabe mit anderen Teammitgliedern abstimmen • Anderen Teammitgliedern in kritischen Phasen unterstützen • Risiken überwachen • Dokumentation seiner Teilaufgabe sicherstellen	• Ist an die Weisungen der Linie nicht gebunden • Hat direkten Zugang zum Projektleiter • Hat das Recht, die Mitarbeit im Projekt begründet abzulehnen • Verfügt über die ihm bereitgestellten Ressourcen • Verwaltet das Budget für die übertragene Teilaufgabe	• Terminverantwortung/Kostenverantwortung/Ergebnisverantwortung für die im Rahmen des Projektes übernommenen Teilaufgaben • Verantwortung für den Informationsstand des Projektleiters • Verantwortung für die Arbeitsfähigkeit des Teams • Definition und kontinuierliche Auskunftsfähigkeit über Risiken

Abb. 20: AKV-Tableau der Rolle „Teammitglied"

6.6 Abgrenzung Projekt – Linie

Ein häufiges Problem ist die Kompetenzabgrenzung zwischen Projektleiter und der im Unternehmen vorhandenen Linienorganisation, insbesondere dem jeweiligen Linienvorsitz. Es konkurrieren zwei Führungspositionen parallel um Zielerreichung und Aufgabenerledigung der anstehenden Handlungen und damit auch um Ressourcen, Ansehen und Macht. Hier kann es Sinn machen, eine Kompetenzmatrix (s. Abb. 21) für die Befugnisse des Projektleiters und des/der Linienvorgesetzten zu erstellen, um Transparenz über die spezifischen Befugnissen zu schaffen und zu sichern und die „Paralleluniversen" eindeutig abzugrenzen. Wichtig ist, dass die Zuständigkeiten und Verantwortungen klar geregelt sind.

Die Kreuze in der nachfolgenden Tabelle sind beispielhaft gesetzt und können je nach Firma und Projektaufgabenstellung unterschiedlich festgelegt werden.

Generell kann man sagen, dass die projektbezogenen Sachverhalte dem Projektleiter zuzuerkennen sind, während die allgemeinen unternehmens-

Befugnisse	Projektleiter	Linienvorgesetzter
• Ablauforganisation im Projekt	X	
• Entscheidungen im Projekt	X	
• Projektaufgabenverteilung	X	
• Ressourcenplanung und Verfolgung	X	
• Urlaubsplanung	X	X
• Leistungsbeurteilung	X	X
• Vetorecht		X
• Weiterbildung		X
• Gehaltsfestlegung		X
• Karriereplanung		X
• Abmahnung/Entlassungsrecht		X

Abb. 21: Kompetenzmatrix zur Abgrenzung der Projekt- und Linienführung

bezogenen Sachverhalte als Befugnisse dem Linienvorgesetzten zuge-ordnet werden sollten. Einzelne Handlungsbereiche können von beiden Rollenpartnern abgedeckt werden, werden aber von diesen mit dem jeweiligen Fokus „Projekt" oder „Unternehmen(seinheit)" vollzogen wie z. B. die Urlaubsplanung als auch die Leistungsbeurteilung des Projekt-mitgliedes.

6.7 PUMA (Projektumfeldanalyse) – mit verschiedenen Analysebereichen und -optionen

Die Zusammenstellung des Projektteams und das Abklären, in welchem Umfeld das durchzuführende Projekt eingebettet sein wird und wie das Umfeld zum Projekt steht, sind enorm bedeutende PM-Aufgaben des Projektleiters. Es empfiehlt sich, das Umfeld des Projektes und dessen Einflüsse auf das Projekt durch das Projektteam klären zu lassen, dieses klar zu analysieren, zu hinterfragen, einzuschätzen und abschließend zu bewerten. Die **Projektumfeldanalyse (PUMA)** hilft, hier einen besseren Überblick zu verschaffen und dies klarer darzustellen.

Zur Durchführung sind folgende Fragestellungen zu beantworten:
• In welchem Umfeld findet das Projekt statt?
• Wer ist an dem Projekt beteiligt?
• Welche Leistungen haben die Beteiligten für das Projekt zu erbringen?
• Welche Vor- und Nachteile haben die Projektbeteiligten vom Projekt?
• Welche Einstellung haben die Beteiligten zum Projekt? (++/+/o/-/–)

Ein Beispiel einer Projektumfeldanalyse findet sich in nachstehender Abb. 22.

Wie deutlich wird, herrschen z. T. enorme Einflusskräfte positiver und negativer, aber auch neutraler Natur bezgl. des Projektes. Wir finden markt-, lieferanten-, kunden-, unternehmens-, geschäftsbereichs-, funk-tions- oder abteilungs- und persönlich basierte Einflüsse vor. Diese sind für jedes Projekt, geeigneter Weise sowohl vor jedem und in jedem Pro-jekt dezidiert herauszufinden und gemäß ihrer Einflussart und -stärke für die Projektdurchführung zu berücksichtigen. Damit wird ermöglicht, dass geeignete Maßnahmen der Aktion und Reaktion rechtzeitiger ergriffen

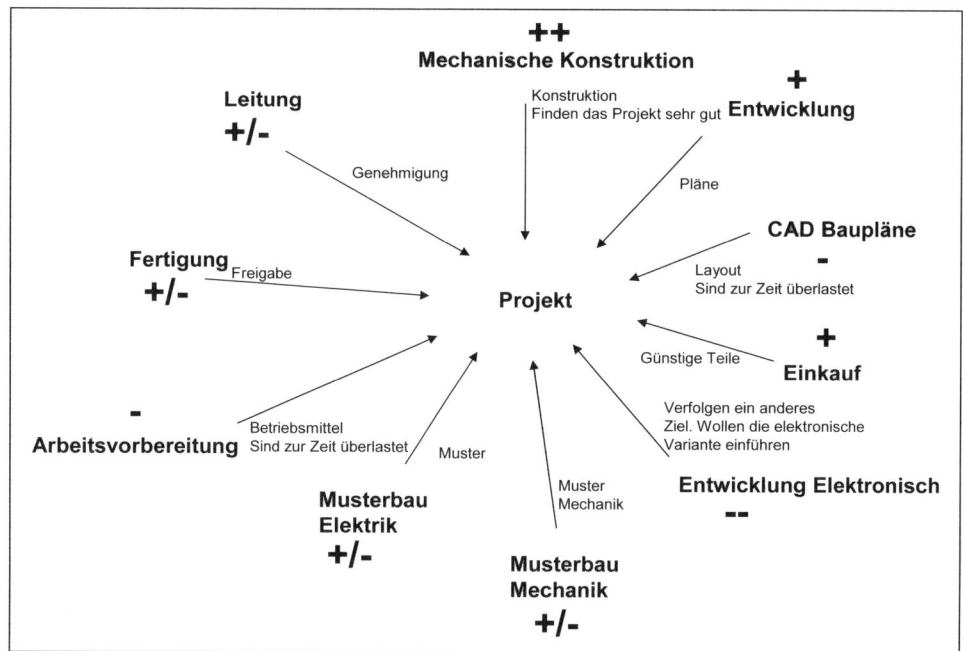

Abb. 22: Praxisbeispiel einer Projektumfeldanalyse

werden können, um die fördernden Momente zu nutzen und die barrierenartigen Einflüsse abzuschwächen und zu überwinden.

Soll z. B. eine Materialinnovation oder eine Materialveränderung für ein Beschaffungsprodukt in Gang gesetzt werden, könnte sich bspw. folgende Einflussmatrix für diese Herausforderung des Unternehmens ergeben (s. Abb. 23).

Die unterschiedlichen Einflüsse und deren Wirkungen werden strukturiert aufgearbeitet, inhaltlich erfasst und sachgerecht beurteilt. Daraus ergibt sich eine projektbezogene Einfluss-„Landkarte", die immer transparent widerspiegelt, mit welchen Positiva oder Negativa im Projekt zu rechnen sein wird. Die jeweiligen Gegebenheiten werden eher als Tendenzen identifiziert, sind aber dennoch als Auswirkungsrichtung und -stärke in den meisten Fällen sehr realitätsnah abgebildet und erfassen den Kern.

Wirkungsquelle	Art der Wirkung	Wirkungsgüte
Produkt-management	• Fördert den Innovationsschub	+
Vertrieb	• Hat Bedenken wegen Materialbeständigkeit und möglicher zusätzlicher Ausfälle des Material beim Kunden • Möchte eher die Beibehaltung des bisherigen Materials • Chance für neue Produkte und USP in Absatzmärkten	–
Kunde	• Sieht mögliche Kostensenkungsmöglichkeiten in seiner Anwendung durch reduzierte Ausfallzeiten, geringeren Instandhaltungsaufwand und geringere (Materialeinsatz-)Kosten	++
Produktion	• Sieht Verarbeitungsprobleme mit neuem Material	–
Controlling	• Steht dem neuen Material kritisch gegenüber wegen Neuinvestitionen im Verarbeitungsbereich	––
Entwicklung	• Erachtet den Materialeinsatz als Chance für Folge-innovationen und neue Anwendungen	+
Einkauf	• Bewertet neuen Materialeinsatz als Möglichkeit der Kostensenkung und Leistungsverbesserung • Möglichkeit zur Erschliessung von mehr und besseren Lieferquellen	++
Aktueller Lieferant	• Hat bisher mit der Verarbeitung der in der Vorauswahl ausgewählten Werkstoffkombinationen wenig Erfahrung • Steht deswegen werkstoffbezogenen Änderungen aus fehlender Erfahrung zurückhaltend gegenüber • Sieht Chancen für sein Unternehmen für eine längerfristige Zusammenarbeit bei Bewerkstelligung der Materialänderung	–/+

++ = sehr positiv / + = positiv / +– = ausgeglichen / – = negativ/–– = besonders negativ

Abb. 23: PUMA-Matrix

Es sei noch darauf hingewiesen, dass die wirkenden Einflusskräfte vom Projektteam, möglichst besetzt mit unterschiedlichen Fachdisziplinen, mit Hilfe einer vorbereiteten Workshopeinheit herausgearbeitet werden sollten, um eine möglichst umfassende und objektivere Beurteilung zu erhalten.

7. Projektvorbereitung und -start als Ausgangsbasis effektiven Projektmanagements

7.1 Checkliste zum Projektstart

Zu Anfang eines Projektes sind zahlreiche Planungs- und Regelungsaspekte zu berücksichtigen. Und projekterfahrene Gremien, wie z. B. der Projektleiter, der Auftraggeber oder der Lenkungsausschuss wissen, dass bereits beim Projektstart die Grundlage für das gesamte Projekt und für dessen Erfolg oder dessen Misserfolg gelegt werden. An diesem Punkt werden die Weichen für den zukünftigen Projektverlauf und die Projektbewältigung gelegt.

„Zeige mir, wie ein Projekt beginnt, und ich sage Dir, wie es endet" ist ein geflügelter Spruch, den kompetente Projektmanager hier in den Raum stellen. Und das benannte Motto bewahrheitet und beweist sich Tag für Tag in den Projektsituationen bei Unternehmen.

Folgende Checkliste (siehe Abb. 24) zeigt auf, welche Facetten der Projekteiter zu Beginn des Projektes zu berücksichtigen hat und welche Schritte zu tun sind. Die einzelnen Inhalte sind im folgenden Abschnitt genauer beschrieben.

Folgende Leitfragen können ergänzend hinterfragt werden und helfen, Klarheit in die Anfangsphase eines Projekts zu bringen:
* Vom wem geht die Initiative aus?
* Hat der Initiator auch die notwendige Kompetenz, das Thema zu forcieren?
* Welches Interesse, welche offenen und welche verdeckten Ziele verfolgt der Initiator?
* Welche Unzufriedenheiten, Diagnosen, Wünsche und Erwartungen dienen als Anlass, einen Workshop in Erwägung zu ziehen?
* Warum sind, trotz Unzufriedenheit, die Dinge weiterhin so wie sie sind?
* Wer ist Nutznießer des bestehenden Zustandes?
* Wird an Symptomen oder an Ursachen gearbeitet?
* Sind die Zielvorstellungen realistisch?
* Ist genügend Energie vorhanden, diese Fragestellung auch wirklich anzugehen?

Aufgaben/Tätigkeiten	Ja	Nein
Handelt es sich bei dem Vorhaben um ein Projekt?		
Ist das Projekt von Ihrem Auftraggeber schriftlich genehmigt?		
Hat der Kunde einen schriftlichen Auftrag erteilt?		
Ist die Budgetplanung für das Projekt erstellt?		
Ist das Projekt in einem ERP- oder PM-System angelegt und schon mit einer Kostenstelle angelegt?		
Ist der Projektleiter bereits festgelegt?		
Steht das Team schon fest?		
Ist eine Kick-Off Veranstaltung schon durchgeführt?		
Sind die Linienvorgesetzten über das Projekt informiert?		
Haben Sie geklärt, wie Sie das Projektumfeld informieren?		
Liegt ein Projektstrukturplan vor?		
Liegt ein Meilensteinplan vor?		
Ist eine IMV-Matrix mit Ressourcenbelastung gemacht?		
Ist das Projekt in die Projektliste aufgenommen?		
Ist der Rhythmus der Teamsitzungen mit dem Team geklärt?		
Ist die Dokumentationsstruktur geklärt und kommuniziert?		
Ist die Häufigkeit des Reportings an Ihren Projektausschuss verein-bart?		
Haben Sie die Urlaubsplanung Ihrer Teammitglieder abgestimmt?		
Haben Sie Ihr Team über das Änderungsmanagement aufgeklärt?		
Haben Sie mit Ihrem Team die Kommunikationstools (eMail, etc…) definiert und abgestimmt?		
Haben Sie Spielregeln der Zusammenarbeit im Team vereinbart?		

Abb. 24: Checkliste für den Projektstart

- Wer ist von dem anstehenden Thema darüber hinaus betroffen – unmittelbar oder auch indirekt?
- Wo sind Gemeinsamkeiten, wo sind Unterschiede oder Gegensätze in der Einschätzung der Projektziele?

- Wer müsste an der Erarbeitung des Projekts aktiv beteiligt werden? In welcher Form?
- In welchem Abhängigkeitsverhältnis stehen die Beteiligten zueinander?
- Wie könnte sich das auf die vorgesehene Zusammenarbeit auswirken?
- Existieren bereits Vorerfahrungen zu diesem Thema in dem Kreis der Beteiligten und/oder Betroffenen?
- Hat man sich schon einmal an einer Problemlösung versucht? Mit welchem Ergebnis? Welche Erfahrungen hat man dabei gemacht?

Eine weitere, sehr wichtige Entscheidung in der Projektstartphase ist die personelle Zusammensetzung der Projektgruppe bzw. des Projektteams. Sie beeinflusst in erheblichem Maße den Projekterfolg und die Wahrscheinlichkeit als auch die Chancen eines erfolgreichen Transfers der Projektergebnisse in den Praxisalltag. Die Identifizierung, Auswahl und Benennung der Projektmitarbeiter sowie deren Beauftragung zur Mitwirkung zur Gestaltung des Projektes erfolgt in der Regel durch den Auftraggeber, d. h. die Unternehmensleitung oder – bei bereichsinternen Projekten – durch die Abteilungsleitung bzw. den Vorgesetzten.

In diesem Zusammenhang ist dringend zu klären, wie die für das Projekt zur Verfügung gestellte Arbeitszeit dimensioniert werden soll und wie eine entsprechende Entlastung bzw. Freistellung der Mitarbeiter von ihrer Linienarbeit auszusehen hat.

Um eine gute Projektgruppenbildung und -zusammensetzung realisieren zu können, eignen sich bestimmte Kernfragen wie z. B.:
- Wer muss bzw. sollte hinsichtlich der Aufgabe in das Projekt involviert werden? Wer hat mit dieser Aufgabenstellung/diesem Bereich/Problem auch in seiner täglichen Arbeit zu tun? Wer ist ggf. von den Projektergebnissen wie betroffen?
- Wer muss bzw. sollte im Blick auf die für eine erfolgreiche Durchführung erforderlichen Qualifikationen integriert werden? Wie kann die notwendige Fachkompetenz (Expertenwissen) in das Projekt integriert werden?
- Wer sichert die Koordination des Projektes mit den Gegebenheiten und Entwicklungen in der (Linien-) Organisation?
- Wer verfügt über wichtige Informationen, Kontakte und Beziehungen? Wer hilft, die Verbindung zu wichtigen Interessengruppen herzustellen?

- Wie steht es um die Fähigkeiten der potenziellen Projektmitarbeiter hinsichtlich Kooperation und Kommunikation?
- Gibt es projekterfahrene Mitarbeiter, die zuvor bei ähnlich gelagerten Projekten mitgearbeitet haben? Wie kann deren Erfahrung in das Projekt integriert werden?

Für die konkrete Zusammensetzung des Projektteams gilt es, folgende Gestaltungsaspekte zu beachten:
- Gruppengröße: Das Projektteam ist nicht zu groß zu dimensionieren (max. 5–10 Personen).
- Betroffenheit: Die Vertretung aller wesentlichen, vom Projekt betroffenen Gruppen und Personen ist zu gewährleisten.
- Promotoren: Verschiedene Förderer und Unterstützer sind in das Projektteam zu involvieren. Das können z. B. **Fachpromotoren** sein, die als Kenner der Materie und Experten ihr Wissen zur Verfügung stellen. **Machtpromotoren** als Menschen mit Entscheidungskompetenz bzw. sehr guten Zugang zu Entscheidungsstrukturen, die durch ihre Rolle und Funktion innerhalb und außerhalb der Organisation autorisiert sind, sollten ebenfalls ihre Repräsentanz im Projektteam finden. **Sozialpromotoren** in Form von Mitarbeitern mit großer Akzeptanz, guten Beziehungen und einem hohen informellen Einfluss innerhalb der Organisation, die für einen kommunikativen und von Zufriedenheit geprägten Verlauf des Projektes sorgen können, sind zu integrieren. Und nicht zuletzt sollten **Methodenpromotoren** als projekterfahrene Know-how-Träger mit ihrer spezifischen Kompetenz des Projektmanagements das Projektteam vervollständigen.

Das Fehlen nur einer dieser wichtigen Aspekte hat entscheidenden Einfluss auf die Arbeitsfähigkeit und den Erfolg des Projekts.

7.2   Das Projekt in der Projektlandschaft

Zumeist führen Unternehmen nicht nur ein Projekt in einer bestimmten Zeitphase durch, sondern widmen sich unterschiedlichsten Themen parallel unter Einbeziehung der verschiedensten Fachdisziplinen, Organisationseinheiten und anderer Unternehmen. So agiert das Unternehmen stets in einer Projektlandschaft, in der das neue Projekt zu integrieren ist.

Zunächst ist der Beeinflussungsgrad für das neue Projekt zu beurteilen. Dazu stellen sich einige Fragen:

- Welche anderen Projekteinflüsse gibt es?
- Von wem oder was kommen die Einflüsse?
- Welche Themen konkurrieren um Ressourcen wie Personal, Finanzen, Arbeitsmittel etc.?
- Wie wirken sich die ermittelten Einflüsse auf das neue Projekt aus?
- Welche Maßnahmen können ergriffen werden, um andere Projekteinflüsse zu mildern oder zu vermeiden?

Mit Hilfe dieser oder anderer ähnlicher Fragen gelingt eine eindeutigere Identifikation des projektbezogenen Umfeldes und der gegenseitigen Beeinflussung und Wirkung. Außerdem erlaubt es durch eine sachgerechte Beantwortung der o. g. Fragen, die Bedeutung des neuen Projektes und dessen Priorität in der Projektlandschaft besser einzuschätzen. Es ist der Schluss zu ziehen, dass eine höhere Bedeutungsbeurteilung eine leichtere Zurverfügungstellung der benötigten Projektressourcen ermöglicht. Als Bedeutungskriterien werden z. B. genutzt:

- Strategische Bedeutung bzw. Projektrelevanz
- Innovationscharakter
- Wettbewerbsfähigkeitssteigerung
- Zwang zur Verbesserung (durch Kundendruck/Wettbewerbsverhalten/Qualitätsproblem etc.)
- Ressourcenintensität des Projektes (Kosten/Personal/Sachmittel)
- Wirtschaftlichkeitsgrad (Kosten-Nutzen-Verhältnis) und
- Unternehmensergebniswirkung.

Um die eingesetzten Kriterien nach dem Grad ihrer Bedeutung bzw. Wichtigkeit zu gewichten, werden die jeweils angewendeten Faktoren nochmals in der Gesamtschau untereinander (in Prozent oder mit Bedeutungspunkten wie 5 = sehr wichtig bis 1 = unwichtig) gewichtet.

Eine beispielhafte Prioritätsbewertung (s. Abb. 25), die nur einzelne der o. g. Prioritätsfaktoren heranzieht, könnte in Form einer gewichteten Punktbewertung gestaltet sein.

Projekt:			Datum:
Prioritätsfaktor	Gewichtung	Faktor-bewertung	Faktorwert
Strategische Projektrelevanz	20 %	3	0,6
Innovationscharakter	25 %	4	1,0
Wirtschaftlichkeitsgrad	20 %	3	0,6
Unternehmensergebniseinfluss	35 %	5	1,75
Summe			**3,95**

Legende für Faktorbewertung: 5 Punkte = sehr hohe Bedeutung/
4 Punkte = hohe Bedeutung/3 Punkte = mittlere Bedeutung/
2 Punkte = geringe Bedeutung/1 Punkt = sehr geringe Bedeutung

Abb. 25: Projektprioritätsbewertung

Das Projekt weist nach dem Summenwert eine hohe Bedeutung für das Unternehmen auf. Aus dem Vergleich der Bewertungen unterschiedlicher Projekte kann eine bestimmte Projektreihenfolge bzw. ein Projektranking abgeleitet werden.

Eine Auswahl der abzuarbeitenden Projekte erübrigt sich, wenn genügend Ressourcen temporär zur Verfügung stehen. Des Weiteren kann ein Unternehmen bestimmen, dass erst solche Projekte bearbeitet werden müssen, wo z. B. ein hoher Verbesserungszwang gegeben ist oder wo eine außerordentliche Unternehmensergebniswirkung erwartet wird (5 Punkte in der jeweiligen Kategorie).

7.3   Der Projekt-Kick-off

Sind alle relevanten Fragen gestellt und befriedigende Antworten gefunden, kann es endlich mit dem offiziellen Start des Projektes losgehen. Projekte beginnen oft mit einen sogenannten **Kick-Off(-Workshop)**. Die Ziele des Kick-Offs, der auch als **Projektstart-Workshop** bezeichnet wird, sind bspw.:
• Kennenlernen des Teams und der Teammitglieder
• Gleichen (Vor-)Informationsstand der Projektbeteiligten erzeugen

- Abklären der Projektziele sowie der Rahmenbedingungen
- Erste Ansätze über die Projektplanungsschritte (Projektstrukturplan, Meilensteinplan) vermitteln und erläutern
- Teamspielregeln für die Zusammenarbeit, Informationsweitergabe und Kommunikation festlegen
- Das Projektteam arbeitsfähig machen
- Prüfen, ob die notwendigen Fachkompetenzen im Team vorhanden sind
- Prüfen, ob die Mitglieder des Projektteams die notwendigen Kapazitäten und Ressourcen zur Verfügung stellen können
- Motivationslage und Einstellung des Teams prüfen und eine positive Grundstimmung initiieren
- Das „Wie-geht-es-weiter" (Nächste Schritte inkl. Zeitpfad und Verantwortliche) festlegen.

Im Kick-off wird nicht nur das Projekt als besonderes Vorhaben offiziell in Gang gesetzt, sondern auch eine erste Soft-fact-Grundlage für eine erfolgreiche Teamzusammenarbeit gelegt. Die Identifizierung des Projektteams mit der Aufgabenstellung und ihr Wille zur gemeinsamen Lösung der Problematik bildet die Denk- und Handlungsbasis für die zukünftige Gestaltung des Projektes. Oft lässt sich schon in dieser Veranstaltung erkennen, ob das Team funktionieren wird. Ein starkes Team, dem der Erfolg zugetraut wird, ist schon die halbe Miete für denselben.

Zusammenhalt, ein gemeinsames Miteinander, Identifikation mit der und Sicherheit in der Projektbewältigung und die Erreichung der Ergebnisse, Offenheit und Vertrauen sind z. B. wesentliche und prägende Elemente, die positiv wahrgenommen werden und deren fördernde Wirkung auf die Linienorganisation nicht ausbleiben wird.

7.4   Ziele des Projekts

Für das Projekt insgesamt, aber vor allem zur Bestimmung des Projekt(erfolg)es sind in der Projektstartphase die Ziele des Projektes eine der elementaren Projektaufgaben. Es sind spezifische Kernziele zu definieren, die nach drei grundlegenden Zielkategorien bestimmt werden (siehe auch Abb. 26):

1. **Sachziele** (Beispiele)
   – Welche Effekte wollen wir erzielen?
   – Was soll geplant und erreicht werden?
   – Welche Funktionen sollen erfüllt werden?
   – Welches Qualitätsziel ist zu erreichen?
2. **Terminziel**
   – Bis wann soll alles erreicht werden?
3. **Kostenziel**
   – Was darf das Projekt insgesamt kosten?

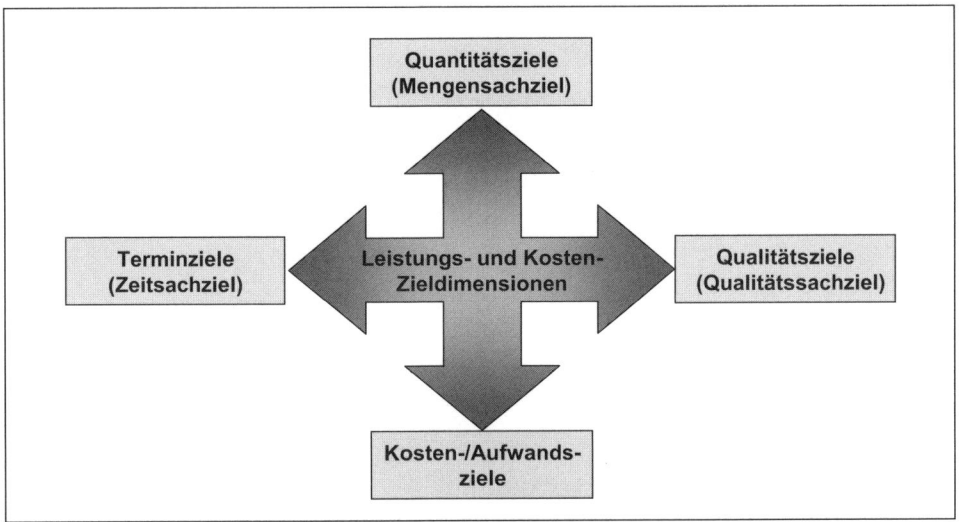

Abb. 26: Generelle Zieldimensionen eines Projektes

Das Ergebnis der Zielbildung ist ein strukturiertes Zielsystem, mit dem stets mehrere Ziele gleichzeitig verfolgt werden, die miteinander zusammenhängen und unterschiedliche Prioritäten haben. Dennoch soll das Zielsystem folgenden Ansprüchen gerecht werden:

- **Realistisch**: Ist das Zielausmaß realistisch, zu hoch oder zu niedrig angesetzt? (gemessen z. B. am Stand der Technik)
- **Eindeutig**: Inhalt, Ausmaß, Zeitbezug und Zuständigkeiten sind definiert. Sind die erforderlichen Arbeiten aufgrund verfügbarer Ressourcen und im geplanten Zeitraum durchführbar?

- **Konsistent**: Die Teilziele sind verträglich und widerspruchsfrei miteinander (also frei von Zielkonflikten)?
- **Durchsetzbar**: Die Ziele sind akzeptiert und haben Motivationskraft. Wird das Leistungspotenzial der ausführenden Stellen ausreichen?
- **Transparent**: Durch Verständlichkeit und Übersichtlichkeit wird das Zielsystem überprüfbar
- **Aktuell**: Durch inhaltliche Anpassung ist es frei von aufgegebenen oder überholten Zielen.

Für diese Anforderungen an Ziele sagen wir, dass die Ziele mit „AROMA" auszustatten sind. Sie müssen

$$A \ = \ \text{angemessen}$$

$$R \ = \ \text{realistisch}$$

$$O \ = \ \text{objektiv}$$

$$M \ = \ \text{messbar und}$$

$$A \ = \ \text{attraktiv}$$

sein. Erst durch die Erfüllung dieser Bedingungen ist ein komplettes Ziel(system) beschrieben und abgegrenzt.

Genau genommen steht und fällt der Projekterfolg mit der Art des Ziels sowie Inhalt und Form der Zieldefinition. Ein gutes AROMA wird möglich durch die genaue Erfassung und Beschreibung des angepeilten Zieles und emotionalisiert dieses.

Änderungen von Detailzielen während des Projektes können unter Umständen sehr kostspielig sein. Aus diesem Grund ist es sehr wichtig, sich am Anfang des Projektes darüber im Klaren zu sein, was am Ende rauskommen soll! Und ob man unter gewissen Umständen bereit ist, aufgrund bestimmter Einflüsse Zielanpassungen zuzulassen.

Gründe für eine Änderung der Ziele können z. B. sein:
- Technologische Neuheiten oder Schwierigkeiten,
- veränderte Marktsituation,
- neue Kundenwünsche,
- Wirken des Wettbewerbs,
- Kostenveränderungen oder
- Änderungen im Unternehmen, z. B. in der Geschäfts- oder Produktpolitik.

Auch bei kleineren Projekten, die mehr aus dem operativen Geschäft heraus definiert werden, ist das erwartete Ergebnis eindeutig festzulegen. Und doch sieht die Realität oft anders aus. Ziele werden eher schlampig formuliert oder nicht mit den betreffenden Beteiligten abgestimmt. Zwangsweise Zieländerungen und somit Mehrkosten sind vorprogrammiert.

Die Vorgehensweise für die Zielformulierung ist beispielsweise:
- Lösungsneutrale Zielformulierung: Versuchen Sie zu verhindern, den Lösungsspielraum einzuschränken.
- Strukturierung der Ziele: Ziele sollten als strukturiertes Zielsystem transparent zusammengefasst werden. Was ist das strategische Ziel (zu dem wir mit dem Projekt einen Beitrag leisten)? Was ist/sind das/die Projektkernziel(e)? Was sind die Teilprojektziele?
- Messgrößen: Eine Zielerreichung muss eindeutig feststellbar sein. Wie können Sie feststellen bzw. messen, dass Sie das Ziel erreicht haben?
- Machbarkeit: Differenzieren Sie in Wunsch- und Muss-Ziele.
- Priorisierung: Was ist besonders wichtig? Was darf auf keinen Fall schief gehen?

Des Weiteren seien ergänzend wichtige Merkpunkte und Leitlinien für die Vereinbarung und Formulierung von Projektzielen benannt:

Projekte erfolgreich abzuwickeln, setzt voraus, sich über Ziele einig zu sein. Setzen Sie sich frühzeitig mit den Zielen Ihres Projekts auseinander und stellen Sie sich bspw. die Frage, was nach einer bestimmten Periode bzw. einem bestimmten Zeitfenster – z. B. nach 5–6 Monaten – anders/besser sein soll als heute. Kümmern Sie sich außerdem um die vollständige Transparenz über die Projekthintergründe und -anlässe. Die Klärung der konkreten Erwartungen des Auftraggebers, auch die der verdeckten Erwartungen, als auch die der vom Projekt Betroffenen, unterstützt eine realere Beurteilung der Sachgegebenheiten und vermeidet Überraschungen.

Verwenden Sie einen Großteil Ihrer Energie zunächst auf das Finden, Bestimmen und Formulieren von Zielen. Denn die Projektziele bilden die Ausrichtungspunkte und zukünftigen Erreichungszustände ab, an denen sich alle orientieren werden und an denen das Projekt gemessen wird. Überlegen Sie zusätzlich, wer/was Ihnen bei der Zielerreichung behilflich sein und was/wer die Zielerreichung behindern könnte.

Bilden Sie eine Rangfolge der Ziele gemäß ihrer jeweiligen Bedeutung für das Projekt ab. Nutzen Sie hierzu nochmals die Einschätzungen des Auftraggebers und ausgewählter Projektbetroffener.

Außerdem ist strengstens darauf zu achten, zwischen Zielen und Maßnahmen/Aktivitäten strikt zu unterscheiden. In der Praxis sind immer wieder verwirrende „Zielkataloge" festzustellen, deren Inhalt teilweise aus Initiativen und Aufgaben besteht.

7.5 Der Projektauftrag

Der Projektauftrag definiert in seiner Gesamtheit die wichtigsten Inhaltbausteine eines Projektes. Ein Beispiel eines Projektauftrages visualisiert Abb. 27.

Die wichtigsten Punkte, die bei einem Projektauftrag zu klären sind:
- Projektname
- Ausgangssituation
- Ziele (Inhaltliche Beschreibung, Messgrößen, Priorisierung)
- Nutzen
- Kosten
- Voraussichtliche Rentabilität
- Risiken

- Meilensteinplan
- Projektleiter/Projektteam
- Rahmenbedingungen
- Was gehört nicht zum Projekt? (Abgrenzung)
- Schnittstellen zu anderen Projekten, Systemen, Abteilungen etc.
- das Projekt einschränkende Vorschriften bzw. gesetzliche Rahmenbedingungen.

Projektauftrag							
Projektname:..			Kurzbeschreibung des Projektes:...				
Projektnummer:							
Ziele	Beschreibung	Messbares Ergebnis	Nutzen p.a.	Einmal. Aufwand	Randbed.	Risiken	
Ober-ziel							
Projekt-ziel							
Teil-ziele							

Projektstart:................Auftraggeber:
Projektende:................Entscheider:
Projektleiter:

Projektteam:

Bereich	Name	Bereich	Name

Datum: / /	Auftraggeber:	Projektleiter:

Abb. 27: Beispiel eines Projektauftragsformulars

7.6   Spielregeln im Projekt

Die Spielregeln im Projekt definieren und beschreiben einzelne wichtige Rahmenbedingungen und Sachverhalte, an denen sich das Projektteam auszurichten hat und die es für eine bessere Projektbewerkstelligung zu verfolgen und zu vertreten hat.

Die Regeln bilden den Rahmen für das Agieren jedes Einzelnen im Projekt und des Projektteams. Sie sind als Fundament für Handlungen im Projekt anzusehen. Deren Einhaltung ist unabdingbar notwendig. Beispielhafte Spielregeln aus einem Praxisfall verdeutlicht Abb. 28.

Symbol	Spielregel	Beschreibung
	Keine Stellvertreter	• Wir entsenden keine Stellvertreter in unsere Sitzungen. • Sitzungstermine legen wir rechtzeitig fest und halten wir pünktlich ein (auch die vereinbarten Pausen). • Sollte ein Mitglied an einer Sitzung nicht teilnehmen, ist das Sitzungsteam auch ohne den Abwesenden beschlussfähig (Anwesende sind entscheidungs-fähig). • Sollte mehr als die Hälfte der Teilnehmer fehlen, wird die Sitzung abgesagt und verschoben.
	Strikte Einhaltung der Termine	• Vereinbarte Termine im Projekt und für das Projekt werden eingehalten. • Sollte es doch Terminverschiebungen geben, sind alle relevanten Beteiligten und Betroffenen des Projektes rechtzeitig zu informieren. • Gründe der Terminänderung als auch die Behebungsmaßnahmen sind zu benennen.
	Rauchverbot	• In den Sitzungen rauchen wir nicht. • Pausenzeiten stimmen wir zuvor gemeinsam ab.
	Keine Mobiltelefone	• In den Sitzungen schalten wir die Mobiltelefone ab. • Muss ein Teilnehmer erreichbar sein, wird dies vor der Sitzung vereinbart und das Mobiltelefon lautlos geschaltet (das Gespräch muss außerhalb des Sitzungsraums geführt werden).

Symbol	Spielregel	Beschreibung
	Agenda und Protokolle	• Für jede Sitzung haben wir eine Agenda vorbereitet und legen einen Moderator und einen Verantwortlichen für das Protokoll fest • Die Agenda verteilen wir mindestens 2-3 Tage im Voraus an alle Sitzungsmitglieder. • Das Protokoll sollte innerhalb von 3 Tagen an alle Teilnehmer verteilt sein. • Bei Einwändungen zum Protokoll werden diese innerhalb von 3 Tagen an den Projektleiter gemeldet
	Kommunikation und Dialog	• Wir präferieren das persönliche Gespräch. • Jeder hat das Recht auszureden. Wir unterbrechen den anderen nicht in seinen Ausführungen. • Kritik wird in Ich-Botschaften vermittelt. • Wir vermeiden Killerphrasen in unserem Dialog. • Wir setzen eMail als ergänzende Informationsaustausch- und Kommunikationsform ein. • Soweit möglich werden Ergebnisse via eMail verteilt. Der Verteiler für bestimmte Dokumente, wie das Projekthandbuch, soll möglichst früh definiert und im Dokument selbst oder in entsprechenden Protokollen festgehalten werden.
	Wir sind das ... Team !!!	• Wir versuchen die gemeinsam definierten Ziele als Projektteam zu erreichen und jeder fühlt sich für die Ergebnisse des gesamten Projekts verantwortlich (auch wenn der Projektleiter dem Projektauftraggeber gegenüber letztverantwortlich ist) • Wir „vermarkten" gemeinsam das Projekt (die einzelnen Team-mitglieder stehen hinter dem Projekt) • Konflikte tragen wir innerhalb des Teams aus und eskalieren die-se gegebenenfalls an den Projektleiter oder Projektauftraggeber (Konflikte innerhalb des Teams werden nicht über die Linie aus-getragen. Gegenüber „Projektexternen" tritt das Team einheitlich auf) • Im Team wird offen kommuniziert. „Sensible" Informationen müs-sen als solche definiert werden. Diese werden nicht nach außen getragen

Abb. 28: Spielregeln eines Projektes (Praxisbeispiel)

8.   Handwerkszeug für das Projektmanagement im Einkauf

8.1   Überblick der wichtigsten Planungstools

Bei den wichtigsten Planungstools macht es grundsätzlich Sinn, eine Unterscheidung zwischen Grobplanungs- und Feinplanungsinstrumenten vorzunehmen. Es lassen sich so nach den Hauptkategorien differenzieren:

Grobplanungsinstrumente
- Projektauftrag
- Projektstrukturplan
- IMV-Matrix
- Meilensteinplan

und

Feinplanungsinstrumente
- Aktivitätenliste, Liste offener Punkte (LOP)
- Balkenplan
- Überwachungs-Balkenplan
- Netzplan
- Termin-Kapazitätenplan.

Unter Nutzung dieser Instrumente gelingt eine strukturierte Vorbereitung, Gestaltung, Durchführung und Kontrolle des jeweiligen Projektes. Der Projektauftrag bleibt in diesem Kapitel außen vor, da wir ihn bereits in Kap. 7.5 behandelt haben.

8.2   Projektstrukturplan und Arbeitspakete

Der erste wichtige Schritt in der Projekt(grob)planung ist der **Projektstrukturplan (PSP)**, der die Grundlage für alle weiteren Planungsschritte bildet. Für jedes Projekt ist ein projektspezifischer Strukturplan zu erstellen, der die Hauptaufgaben, die darunter angeordneten Teilaufgaben, die darin enthaltenen Arbeitspakete und die Verantwortlichkeiten einschließlich eines Kosten-/Budgetrahmens festlegt. Mit ihm soll beschrieben werden, was zu tun ist. Nicht zu verwechseln damit, wie es zu tun ist! Letzteres hat im Projektstrukturplan nichts zu suchen.

Mit dem Projektstrukturplan (PSP) erhält der Projektleiter und das Projektteam ein Instrument, um
- sich einen Überblick über die Gesamtheit der anstehenden Aufgaben zu verschaffen,
- verschiedene Aufgaben klar voneinander abzugrenzen,
- ein gemeinsames Verständnis über den Gesamtkomplex zu erreichen,
- die Verantwortungen klar zuzuordnen,
- Kosteneinschätzungen und -strukturen festzulegen,
- die Sollzeit, d. h. den Zeitbedarf zu bestimmen und
- eine übersichtliche Informations-, Kommunikations- und Dokumentationsvorlage zu schaffen, mir der alle Projektfolgeschritte dargestellt werden können.

Der PSP dient somit als erste grundlegende Planungsübersicht zur Steuerung und Verfolgung des Projektes hinsichtlich Qualität, Zeitbedarf (ggf. Terminen) und Kosten.

Der PSP erlaubt eine grafische Darstellung des Gesamtprojektes, hierarchisch gegliedert nach Teilprojekten und Arbeitspaketen.

Grundsätzlich ist ein PSP wie in Abb. 29 dargestellt zu strukturieren.

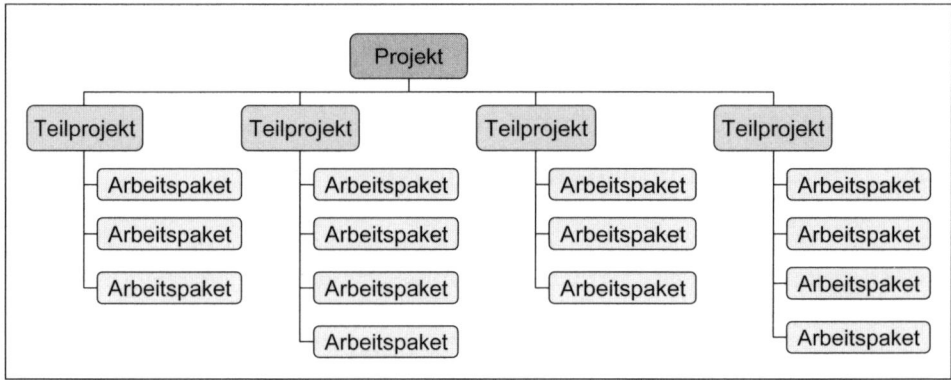

Abb. 29: Schematischer Aufbau eines Projektstrukturplanes

Projektstrukturpläne können dabei nach zwei Gliederungsprinzipien unterteilt werden:

- **Funktionsorientierte Gliederung**
  Die beteiligten Fachabteilungen oder Fachdisziplinen definieren die tätigkeitsbezogenen Strukturelemente (z. B. Entwickeln, Konstruieren, Einkaufen, Produzieren, Vertreiben, Planen etc.)
- **Objektorientierte Gliederung**
  Die Systeme, Module oder Komponenten (des Produktes) des Projektgegenstandes, d. h. das Objekt/die Objekte definieren die Strukturelemente. Bei einer Schleif-/Hon-/Läppmaschine wären das z. B. das Maschinenbett, die Elektronik, die Schwenkarme, die Wasserversorgung, die Träger, der Getriebekopf usw. Beim Unternehmensbau wären es der Baugrund, der Rohbau, die Innenausstattung etc.

In der Praxis werden des Öfteren Projektstrukturpläne verwendet, in denen beide Gliederungsprinzipien kombiniert werden. Dies wird dann als **gemischtorientierte Gliederung** bezeichnet.

Die Differenzierung zwischen Projektorganisation und Projektstrukturplan ist dabei äußerst wichtig. Die im Projektstrukturplan gezeigten Hierarchiestufen sind mit den Ebenen der Organisationsstruktur nicht identisch, auch dann nicht, wenn Ähnlichkeiten zu bestehen scheinen. Ein Teilprojektleiter „Entwicklung" muss nicht auch der Leiter des Bereiches bzw. der Abteilung „Entwicklung" sein.

Doch was bedeuten nun die unterschiedlichen Stufen und Bestandteile der hierarchischen Projektstrukturierung?

Zum einen zählen hier ja die sog. Teilprojekte dazu. **Teilprojekte** stellen die oberste Gliederungsebene in Projekten dar. Sie strukturieren die im Projektauftrag benannte Gesamtaufgabenstellung in einzelne Teil-Kernaufgaben.

Es ist anzuraten, auch entsprechende Teilprojektleiter zu bestimmen. In größeren Projekten sind die Teilprojektleiter dann auch oft die Mitglieder des Projekt-Kernteams.

Der Projektstrukturplan ermöglicht, das Projekt nach der Teilprojekt-Gliederungsebene noch feiner weiter aufzufächern. Dies geschieht in Form von einzelnen **Arbeitspaketen (AP)**. Diese repräsentieren den gesamten Inhalt eines Teilprojektes. Diese sollten hinsichtlich Vollständigkeit, Machbarkeit, Realisierbarkeit und Stimmigkeit des Projektes überprüft werden und müssen eine Antwort ermöglichen, ob die benannten Arbeitspakete

1. ihren Beitrag zu einem kompletten Projektabschluss leisten können,
2. bezgl. der durchzuführenden Leistung klar und spezifisch definiert sind,
3. eindeutig voneinander abgegrenzt werden können und
4. eine klare Zuordnung zu einzelnen Projektbeteiligten bzw. -mitgliedern aufweisen.

Die Gliederungstiefe und damit die Festlegung der untersten Ebene ist daher keine Frage der Gliederungslogik, sondern wiederum eine Frage der Zweckmäßigkeit. Es hat sich als sinnvoll herausgestellt, Projektstrukturpläne nicht zu umfangreich zu gestalten. Es geht dann der Überblick verloren. Als Faustformel sollten Projektstrukturpläne auf eine bzw. maximal zwei Seiten passen und somit max. 150–200 Arbeitspakete enthalten.

In der Regel wird so tief gegliedert, dass auf der untersten funktionalen Ebene geschlossene Arbeitspakete
• den einzelnen Arbeitsgruppen
• Fachabteilungen oder
• externen Auftragnehmern (Kooperationspartner/Lieferanten) zugeordnet werden können.

Die Arbeitspakete bilden die Grundlage für Beauftragungen der Fachbereiche bzw. der externen Wertschöpfungseinheiten oder -organisationen. Sie werden als isolierte Einzelaufträge im Projekt betrachtet.

Es ist besonders auf eine vollständige und eindeutige Arbeitspaketbeschreibung zu achten.

Für die **Definition des Arbeitspaketes** gilt:
• Das Ergebnis des Arbeitspakets (Ziel) muss klar beschrieben sein.
• Der spezifische Aufwand für das Arbeitspaket, der zur Erreichung des Arbeitspaketergebnisses notwendig ist, ist konkret zu bestimmen.
• Ein Arbeitspaket-Verantwortlicher (im Sinne eines Kümmerers) ist festzulegen, der
  • das termintreue Abarbeiten des AP-Inhalts verantwortet und
  • die Budgeteinhaltung sicherstellt.

- Ein definierter Anfangstermin, an dem mit der Bearbeitung begonnen wird, ist festzulegen.
- Ein Endtermin, an dem die Arbeitsergebnisse vollständig vorliegen müssen, ist zu definieren.
- Die Arbeitspakete müssen möglichst klar von anderen Arbeitspaketen abgegrenzt sein.

Ein beispielhaftes Formular zur Erfassung und Beschreibung eines Arbeitspaketes verdeutlicht die Abb. 30.

Arbeitspaket-Chart	Datum:	Projekt-Nr.	Projektleiter:
Projekt:		Teilprojekt:	
Arbeitspaket-Titel / -Nr.		AP-Verantwortung:	AP-Starttermin: AP-Endtermin:

Arbeitspaket-Aufgabenstellung (Kurzbeschreibung):

Arbeitspaket-Ziele:	Erwartete konkrete AP-Ergebnisse:

Rahmenbedingungen (z.B. Schnittstellen mit anderen Teilprojekten / Arbeitspaketen / Unternehmen(seinheiten) / Voraussetzungen):

AP-Maßnahmen/-Aktivitäten und AP-Meilensteine:

Aufwand: Soll _____ Ist _____ Abweichung _____ Budget: Plan _____ Ist _____ Abweichung _____	Bemerkungen
Unterschrift Projektleiter	**Unterschrift AP-Verantwortlicher**

Abb. 30: Arbeitspaket-Formular

Als **Checkliste zur Vorgehensweise bei der Projektstrukturplanerstellung** kann z. B. verwendet werden:
- Das Strukturierungsprinzip (objekt-, funktions-, gemischtorientiert) festlegen.
- Obere Stufe eindeutig und vollständig mit den vorgesehenen Aufgabengebieten (= Teilprojekte) belegen.
- Die projektbegleitenden Aktivitäten als eigene Arbeitspakete definieren.
- Das Projektmanagement als Teilprojekt mit den entsprechenden Arbeitspaketen festlegen.

- Noch offene Aufgabenfelder als „Dummies" in der Projektstruktur berücksichtigen.
- Die optimale Größe der Arbeitspakete durch Splitten oder Zusammenfassen anstreben.
- Die Arbeitspakete den vorgegebenen Teilprojekten zuordnen.
- Die Zuständigkeit und Verantwortlichkeiten für die einzelnen Arbeitspakete festlegen (AP-Verantwortliche)
- Die Arbeitspakete inhaltlich exakt beschreiben.
- Ein Nummerierungssystem erstellen und anwenden.
- Die Arbeitspaketdefinition auf Vollständigkeit und Überlappungsfreiheit prüfen.
- Den Projektstrukturplan als Liste oder Grafik erstellen.
- Den Aufwand und die Kosten der Arbeitspakete festlegen.

8.3   Beispiel eines Projektstrukturplanes

Das dargestellte PSP-Beispiel (s. Abb. 31) stellt ein komprimiertes Musterprojekt „Produktinnovation" vor, dass in die Teilprojekte Mechanik, Elektrik, Musterbau, Fertigung und Projektmanagement aufgeschlüsselt ist. Unter den Teilprojekten finden sich die weiteren Arbeitspakete.

In jedem Aufgabenkästchen der 3 Hierarchiestufen sind folgende Angaben einzufügen:

→ Aufgabenbenennung (z. B. Mechanik-Modell entwickeln),
→ Aufgabenverantwortlicher (z. B. Herr Winter),
→ Aufgabenbenummerung (z. B. 1100) und
→ Aufwand in Mann- oder Personentagen sowie der
→ Kostenaufwand (in EUR oder $).

Dies erlaubt einen zügigen Überblick über die Gesamtstruktur, das „Projektwurzelwerk" der verschiedenen Projektaufgaben und den damit zusammenhängenden Aufwand.

Wenn der gesamte PSP steht, können die einzelnen Aufgaben in eine phasenbezogene Abfolge gebracht werden, dem sog. **Projektablaufplan (PAP)**. Die Arbeitspakete werden in logischer Reihenfolge dargestellt und sind demgemäß durchzuführen (s. Abb. 32).

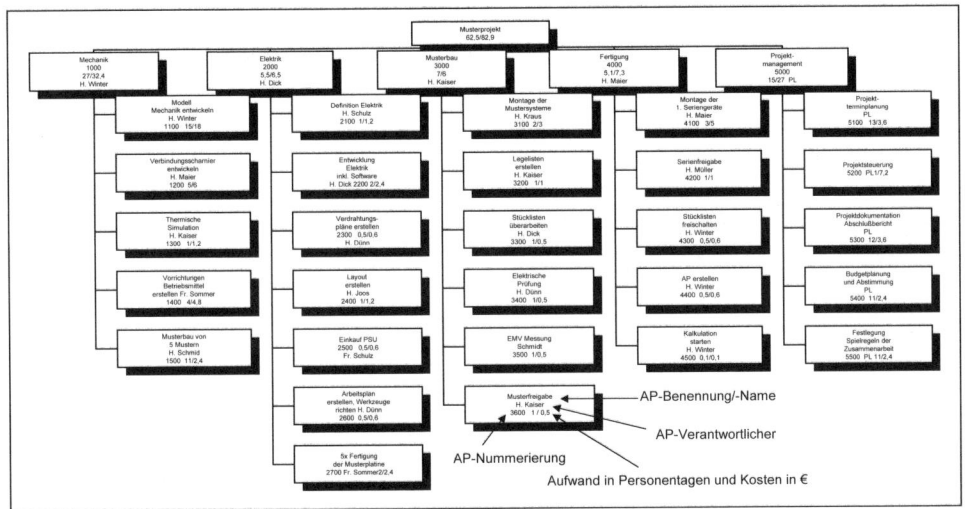

Abb. 31: Beispiel eines Projektstrukturplanes

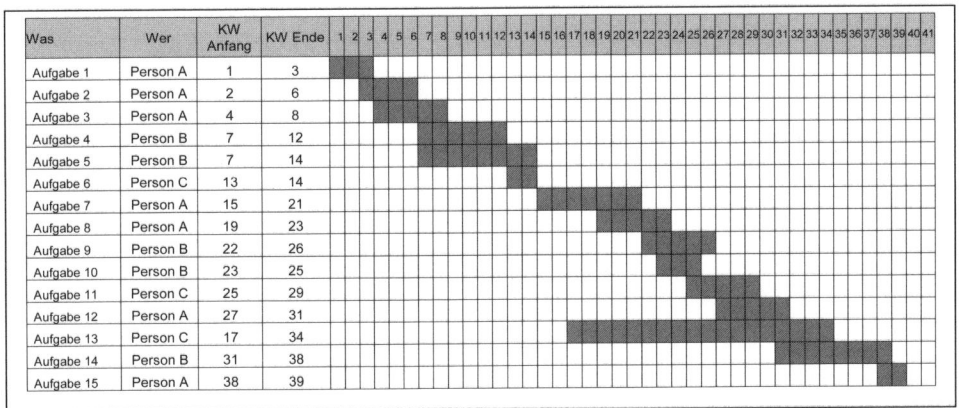

Abb. 32: Der Projektablaufplan

8.4 IMV-Matrix

In Projekten ist das Zusammenspiel zwischen verschiedenen Fachabteilungen, verschiedenen Geschäftseinheiten oder Unternehmen sehr wichtig. Herauszuheben ist hier natürlich die Interaktion zwischen den Menschen dieser Einheiten oder Organisationen und die Klärung der jeweiligen Zuständigkeit, Inanspruchnahme bzw. Projekteinbindung.

Mit der **IMV-Matrix** können sämtliche definierten Projekt(teil)aufgaben, die im Projektstrukturplan aufgezeigt wurden, detaillierter den einzubeziehenden oder tangierten Personen zugeordnet werden. Die IMV-Matrix legt fest, wer für eine spezifische Aufgabe verantwortlich ist, wer mitarbeitet und wer – z. B. über den Fortschritt der Arbeit – informiert werden muss.

Die Buchstabenkürzel IMV bedeuten also:

I = Information
M = Mitarbeit
V = Verantwortlich bzw. Verantwortung.

Eine beispielhafte IMV-Matrix, die Personen aus dem eigenen wie einem Lieferantenunternehmen enthält, verdeutlicht die folgende Abbildung 33.

IMV-Matrix	Hr. Grün U	Fr. Rot U	Hr. Weiß U	Hr. Blau U	Hr. Lila U	Fr. Rosa L1	Hr. Gelb L1	Hr. Beige L1	...
Projekt(teil)aufgabe 1	V	M	M						
Projekt(teil)aufgabe 2	M	M	V			M			
Projekt(teil)aufgabe 3		I	M		M		V		
Projekt(teil)aufgabe 4	V	M				M			
Projekt(teil)aufgabe 5			M					V	
Projekt(teil)aufgabe 6		I	I	V	M		M	M	
Projekt(teil)aufgabe 7		V	I			M			
Projekt(teil)aufgabe 8		M	M			V			
Projekt(teil)aufgabe 9		V	M		V		I	I	

Legende: U = Eigenes Unternehmen/L1 = Lieferant 1

Abb. 33: IMV-Matrix

Die IMV-Matrix ermöglicht schnell einen sehr guten Überblick über die Art und Weise der Einbindung und Art der Integration unterschiedlicher Projektbeteiligter in das Projekt.

8.5 Einbindungsmatrix

Neben der IMV-Matrix ist es wichtig zu definieren, wie die Beteiligten in welcher Form im Projekt eingebunden werden müssen.

Zum Thema Einbindung sind 2 Parameter besonders zu berücksichtigen:
* Stärke der Betroffenheit und
* Stärke der möglichen Einflussnahme auf das Projekt.

Diese beiden Parameter können in Form eines aufgespannten Integrationsraumes (s. Abb. 34) visualisiert werden.

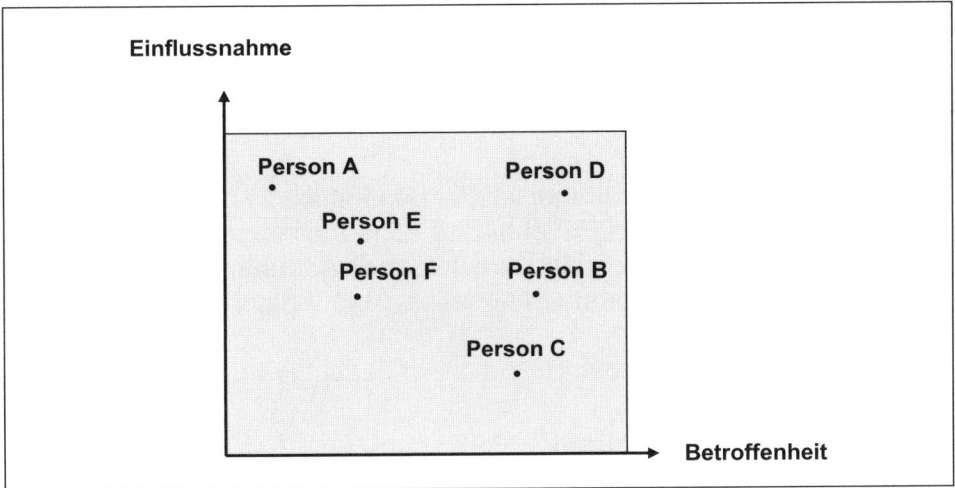

Abb. 34: Grundraster einer Einbindungsmatrix

Je nach Betroffenheit oder möglicher Einflussnahme sind die Beteiligten z. B. entsprechend
* in das Projekt einzubinden,
* über bestimmte Sachverhalte des Projektes gezielt und selektiv oder umfassend zu informieren,

- vorbeugend in bestimmte Projektsitzungen einzuladen,
- (gelegentlich/stetig) als Experten oder Spezialisten hinzuzuziehen,
- als Promotoren in Informationsveranstaltungen einzuladen,
- als Entscheider zu integrieren,
- für Risikoeinschätzungen und zur Erstellung von Gegenmaßnahmen zu nutzen
- und viele Dinge mehr.

Da die Einbindungsmatrix in jedem Projekt anders aussieht, ist auch eine individuelle Entscheidung zu treffen, welche konkreten Auswirkungen sich auf Basis des Einbindungsmatrix-Resultats ergeben und welche spezifischen Maßnahmen getroffen werden sollten/müssen.

8.6   Meilensteinplan

Der Meilensteinplan ist ein wesentliches Instrument in der Projektgrobplanung. Er bietet einen Überblick über die zu erreichenden Zwischenergebnisse im Projektablauf. So definiert auch die DIN 69900 den Meilenstein als „ein Ablaufelement, das das Eintreten eines bestimmten Zustandes beschreibt".

Viele Projektleiter machen immer wieder den Fehler, zu früh zu fein planen zu wollen. In den meisten Projekten ist es jedoch besser, zunächst ein grobes Termingerüst zu schaffen, das folgende Ansprüche erfüllen sollte:
- Den jeweiligen Projektstatus (aktuellen Ablaufstand und Ergebnisse) ermitteln zu können,
- Druck in das Projekt durch Setzung von Zwischenterminen zu bringen und
- wichtige Entscheidungen einzufordern.

Meilensteine sind ähnlich zu sehen wie Zwischenprüfungen. Die Meilensteine, die zur Erreichung des Projektziel(system)s sog. Zwischenstopps im Navigationssystem Projektmanagement darstellen, definieren die wichtigen Ereignisse, die im definierten Zeitfenster bzw. zu einem spezifizierten Zeitpunkt erreicht sein müssen. Mögliche Meilensteine stellen z. B. der Projektstart, der Initiationsworkshop eines Projektes, die genehmigte Projektplanung, der endgültige Überblick über die Projektrahmenbedingungen als Ende einer Analyseeinheit, eigene, lieferanten- oder

Kundenbezogene Abnahme-/Freigabedaten und/oder -termine, die Übergabe des Projektes in die Linie oder der Projektabschluss dar.

Es ist besonders wichtig, die mit den Zeitabschnitten verbundenen Ergebnisse, d. h. die zu erreichenden Zustände, so konkret zu erfassen, dass diese auch überprüfbar sind. Zu den beispielhaften Ergebnissen gehören ein vollständiger Projektauftrag, ein definierter Anforderungs-katalog (z. B. für einen neuen Lieferanten, ein verändertes Einkaufspro-dukt oder für einen zu gestaltenden Geschäftsprozess), ein spezifisches Prozessaudit-Resultat bei(m) Lieferanten, eine Material- oder Lieferanten-freigabe, ein genehmigtes Produktdesign, ein fertiges (Vor-)Serienmuster, der SOP-Zeitpunkt (= Start of Production) oder der Abschluss eines Belie-ferungsauftrages mit eingehaltenen Supply Level Agreements (SULA).

Der Meilensteinplan symbolisiert also ein Ausrichtungs- und Überwa-chungsinstrument, das sich an einer abschnittsweisen Projektablaufs-trukturierung orientiert und zusätzlich eine gute Basis für Entscheidungen des Auftraggebers, des Projektleiters oder der Projektbeteiligten bietet. So können bei möglichen Abweichungen bezgl. Zwischenereignis und/oder -ergebnis geeignete Korrekturmaßnahmen rechtzeitig in Gang ge-setzt werden oder eine Projektfortsetzungs- bzw. Projektstopp-Entschei-dung (Stop-and-go-decision) erfolgen.

Zudem ist der Meilensteinplan für den Projektleiter ein wichtiges Impuls- und Motivationsinstrument, um die benötigte Energie in das Projekt zu bringen. Besonders bei langen und/oder komplexen Projekten ist es wichtig, Zwischentermine inkl. Zwischenergebnisse zu haben, um einen sauberen und zielerfüllenden Projektablauf zu gewährleisten und die Mit-arbeiter kontinuierlich „bei der Stange" zu halten. Dies funktioniert jedoch nur, wenn auch bei Nicht-Einhaltung der Ergebnisse entsprechende Kon-sequenzen seitens des Auftraggebers erfolgen. Der Auftraggeber hat hier ebenso eine entscheidende Rolle einzunehmen. Nur wenn der Auftrag-geber die Ergebnisse einfordert und den Druck auf das Projektteam hoch hält, werden sich die Beteiligten auch an die Vorgaben halten.

Ein Meilensteinplan beinhaltet also im Wesentlichen 2 Merkmale:
1. Wann liegen welche Ereignisse und Ergebnisse vor, die mir ein Urteil über den Stand des Projektes ermöglichen?
2. Wann müssen bestimmte Entscheidungen getroffen sein?

Ergänzend dazu sind weitere projektrelevante Informationen für die Erledigungsabschnitte zu erfassen. Einen ersten Vorschlag für ein Meilensteinplan-Formular eröffnet die Abb. 35.

Meilensteinplan								
Datum:								
Projekt:								
Firma/Einheit(en):								
Projektleiter:								
Phase / Nr.	Meilenstein (Verantwortlich)	Angestrebtes Ergebnis	Plan-Termin	MSTS-TN	Status	Entscheidungsbedarf		Aktionen (Ausführende)

Abb. 35: Meilensteinplan – Vorlagenvorschlag 1 (Beispiel)

Zu dem angeführten Meilensteinplan sind folgende Erläuterungen zu geben:

Mit der Spalte **Phase/Nr.** kann der spezifische Zeitabschnitt eindeutig abgegrenzt werden. Es besteht die Möglichkeit, so z. B. der Phase zwischen 2 Meilensteinen eine eindeutige Bezeichnung zu geben, z. B. Entwicklungsphase oder Realisierungsphase. In manchen Unternehmen wird der Meilensteinplan deswegen auch **Phasenplan** genannt.

Die Spalte **Meilenstein (Verantwortlich)** konkretisiert den zu erreichenden Meilenstein und benennt den für diesen Meilenstein Verantwortlichen (Person/Funktion/Geschäftsbereich/Unternehmen/Lieferant etc.).

In der Spalte **Angestrebtes Ergebnis** sind nachprüfbare, messbare Ergebnisse zu definieren und zu erfassen. Diese „Zwischenziele" sind auch wichtige Orientierungspunkte, um während der Projektabwicklung abzuschätzen, ob das Projektteam bzw. die Projektbeteiligten die richtigen Ziele verfolgen und auf dem richtigen Weg sind.

Die Spalte **Plan-Termin** erfasst den konkreten Zeitpunkt, bis wann der Meilenstein zu erreichen ist. Der Plan-Termin grenzt damit das zur Verfügung stehende Zeitfenster ab.

Mit der Spalte **Meilenstein-Sitzungs-Teilnehmer (MSTS-TN)** sollen die Personen aufgeführt werden, die an der jeweiligen Meilensteinsitzung teilnehmen sollen.

Die Spalte **Status** ist ein aktueller Zustandsmelder, der im Überblick eine erste Beurteilung des Erreichungszustandes des Meilensteines erlaubt. Er liefert einen ersten Eindruck über den qualitativen, quantitativen und zeitlichen Stand des Projektes und erlaubt eine Einschätzung des Realisierungszustandes. Hier kann regelmäßig berichtet werden, wie die Wahrscheinlichkeit der termingerechten Einhaltung der Zwischenergebnisse gesehen wird.

In der Spalte **Entscheidungsbedarf (Termin)** sind diejenigen Entscheidungen aufzunehmen, die getroffen werden müssen, um im Projekt weiter arbeiten zu können, Freigaben zu erhalten oder sich einen bestimmten Projektstand absegnen zu lassen. Dies ist von außerordentlicher Bedeutung, da in vielen Fällen Projekte sich nicht deswegen verzögern, weil die Ergebnisse nicht vorliegen, sondern weil bestimmte Entscheidungen nicht getroffen werden. Und dies soll durch diesen Spalteninhalt vermieden werden. Eine konkrete Terminierung (Bitte immer mit einem genauen Tag angeben!) ist den einzelnen Aktivitäten zu hinterlegen.

In der Spalte **Aktionen (Ausführende)** sind diejenigen Initiativen bzw. Maßnahmen erfasst, die zur Erreichung des jeweiligen Meilensteins durchzuführen sind. Zusätzlich sind die jeweils die Aktion ausführenden Personen (inkl. Abteilung, Bereich, Person etc.) zu benennen.

Ein weiterer Formularvorschlag, der einzelne Informationsfelder aus Abb. 35 ebenfalls beinhaltet, aber kompakter gestaltet ist, kann der Abb. 36 entnommen werden.

Es wurden 2 andere Informationsspalten aufgenommen.

Die Spalte **Ist-Termin** erlaubt die genaue Festlegung des Meilensteintermins und eine schnelle Visualisierung der Terminübereinstimmung oder Terminabweichung. Sollte es eine terminliche Plan-Ist-Differenz geben, sind die konkreten **Abweichungsgründe** in der Folgespalte anzugeben. Daraufhin kann im Meilensteinplan der jeweilige Entscheidungsbedarf (auch gerne inkl. Fristigkeit und möglichen Verantwortlichen) benannt werden.

Die Formularbeispiele sind als Vorschläge zu verstehen, die auch gerne kombiniert oder individualisiert werden können.

Meilen-stein-Nr.	Meilenstein (Verantwortlich)	Angestrebtes Ergebnis	Plan-Termin	Ist-Termin	Abweichungsgründe	Entscheidungsbedarf

Abb. 36: Meilensteinplan – Vorlagenvorschlag 2 (Beispiel)

Abb. 37 zeigt einen konkreten Meilensteinplan aus einem Projekt des Anlagenbaus, der 12 Meilensteine beinhaltet inkl. der definierten Zeitfenster. Hier ging es um das veränderte Design einer Baugruppe mit z. T. neuen Teilen, deren Herstellung komplett an einen bereits bekannten Lieferanten ausgelagert wurde. Dieser Lieferant hatte zur klassischen Produktionsaufgabe zusätzliche Entwicklungsaufgaben wahrzunehmen.

	Vorgangsname	2. Qtl, 2008			3. Qtl, 2008			4. Qtl, 2008			1. Qtl, 2009			2. Qtl, 2009			3. Qtl, 2009			4. Qtl, 2009			1. Qtl, 2010		
		Apr	Mai	Jun	Jul	Aug	Sep	Okt	Nov	Dez	Jan	Feb	Mrz	Apr	Mai	Jun	Jul	Aug	Sep	Okt	Nov	Dez	Jan	Feb	Mrz
1	Meilenstein 1			◆ 14.06.																					
2	Meilenstein 2							◆ 13.10.																	
3	Meilenstein 3										◆ 19.01.														
4	Meilenstein 4													◆ 04.05.											
5	Meilenstein 5																◆ 20.07.								
6	Meilenstein 6																			◆ 19.10.					
7	Meilenstein 7																							◆ 01.02.

Abb. 37: Meilensteinplan (Praxisbeispiel)

8.7 Aktivitätenliste/Liste offener Punkte (LOP)

Oft eignet sich ergänzend zur Nutzung des Meilensteinplans der Einsatz einer Projektmanagement-Terminplanungssoftware nicht. In Abhängigkeit der Struktur und Inhalte des zur Verwendung kommenden Meilensteinplanes reicht in vielen Fällen eine einfache Tabelle aus, mit der die aktuell anfallenden bzw. in der Folge ausstehenden Aufgaben bzw. Aktivitäten aufgelistet werden. Diese **Liste offener Punkte (LOP)** wird dann regelmäßig aktualisiert und im Team abgestimmt (siehe ein Gestaltungsbeispiel in Abb. 38).

In der Spalte **Thema/Aktivität** ist zeilenweise die jeweilige spezifische Aufgabe einzutragen. Die beiden Folgespalten benennen die jeweils **Verantwortlichen** und die **ausführenden bzw. beteiligten Personen** für die Aufgabenrealisierung. Mit der **Wiedervorlage** wird der konkrete Termin benannt, wann dem Projektleiter und/oder dem Teilprojektleiter der Sachverhalt darzulegen und wieder vorzustellen ist. Der **Endtermin** definiert die Zeitgrenze für die Aufgabendurchführung.

Unter **Status** besteht die Möglichkeit, den Fortschritt als Ampel (Rot, Gelb, Grün) oder mit Kunin-Items, sog. Smilies (☺ ☺ ☹), zu visualisieren. Und eine Eintragung in einem Feld der Spalte **Erledigt** bescheinigt den Abschluss jeder Aufgabe.

Thema/Aktivität	Verantwortlich	Wer arbeitet mit	Wiedervorlage	Endtermin	Status	Erledigt

Abb. 38: Liste offener Punkte (LOP)

8.8 Die Risikoabschätzung

Es kann niemand den Erfolg des Projekts garantieren. Denn es existieren stets unterschiedlichste Risiken, durch die der „vorgesehene Ablauf oder Ziele des Projektes gefährdet werden" (DIN 69905). Um mögliche Risiken abschätzen zu können, die im Projekt eintreten können, bedarf es der Kenntnis aller Beteiligten, was denn überhaupt ein Risiko ist.

Denn der Begriff Risiko wird in unterschiedlicher Weise diskutiert. Greift man auf gängige Definitionen (z. B. über Wissensdatenbanken etc.) zu und versucht einen direkten Transfer auf den Begriff der Projektrisiken, lässt sich hierfür folgendes anführen. Unter **Projektrisiko** wird z. B. die kalkulierte Prognose eines möglichen Schadens, Nichteintretens bzw. Verlustes im negativen Fall (Gefahr) verstanden, das bzw. der im Rahmen eines Projektes auftreten kann. Ein Projektrisiko kann dann z. B. ergänzend als Wahrscheinlichkeit des Eintretens eines negativen Ereignisses für oder innerhalb eines Projektes erfasst werden.

Umgangssprachlich wird „Risiko" oft gleich bedeutend mit Gefahr („gefühlte Gefahr") verwendet.

Bei der Risikobeschreibung sollten aber dringend drei Betrachtungswinkel unterschieden werden, die in der Praxis oft gar nicht differenziert werden oder, falls ein bestimmter Bewusstseinsgrad darüber besteht, oft „in einen Topf geworfen" werden. Da man in jedem Projekt mit Risiken konfrontiert ist, sollte auf folgende Betrachtungselemente und Zusammenhänge geachtet werden (s. Abb. 39), die man auch als **Risikoaspekte** benennen kann.

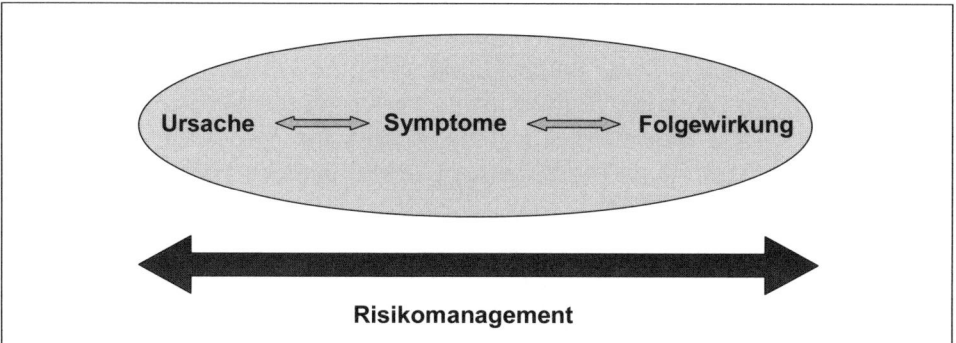

Abb. 39: *Risikoaspekte und Risikomanagement*

Risiken sind ein Wirkungskomplex, der in Ursachen, Symptome oder Folgewirkungen unterschieden werden kann, wobei der gesamte Wirkungskomplex, aber auch jeder Risikoaspekt für sich in der Praxis als Risiko interpretiert werden. Es ist zu überlegen, von was man selbst oder andere Personen sprechen, wenn Sie von Risiken sprechen!

Ursachen als Risikoaspekt sind Auslöser, Impulse, Gründe für die o. g. Gefahrenmomente. Als Risikoaspekt bezeichnete **Symptome** können erkennbare bzw. identifizierbare Gefahrenzeichen verstanden werden, die unterschiedlichste Ursachen haben können und von Ursachen indiziert werden. **Folgewirkungen** oder auch Auswirkungen als Risikoaspekte sind dann die schadensbezogenen Effekte, die von Symptomen hervorgerufen werden.

Zwei Beispiele aus dem Einkaufssektor sollen dies verdeutlichen.

Beispiel 1: Wenn wir die steigenden Rohstoffpreise als Risiko in Form eines Symptoms kennzeichnen, dann sind mögliche Ursachen dafür z. B. die sich auf hohem Niveau befindliche Nachfrage nach Rohstoffen – auch aus dem asiatischen Raum, zu geringe Rohstoffproduktionskapazitäten, politische Rahmenbedingungen wie Ausfuhr-/Einfuhrzölle oder -steuern, Interesse der Produzenten und Händler an Verkäufen mit höherem Mehrwert etc.. Folgewirkungen in Form von Risiken würden sich für ein Unternehmen z. B. ergeben als zu hohe Einstandspreise, weitere Kostensteigerungen, zu lange Wiederbeschaffungszeiten, zu geringe Beschaffungsmengen, nicht rechtzeitige Versorgung mit den Rohstoffen etc.

Beispiel 2: Nehmen wir hier Qualitätsmängel eines Beschaffungsproduktes als Risikosymptom an, das wir von einem Lieferanten beziehen. Mögliche Ursachen für diese Produktmängel könnten bspw. sein: Unzureichendes Qualitätsmanagementkonzept oder -system beim Lieferanten, konstruktive Produktmängel, materialbezogene Mängel, verarbeitungstechnische Defizite, logistikbezogene Sachverhalte (Lager- oder Transportschäden), hohe Änderungsdynamik des Bauteils, falsche Deklarierungssystematik sowie ein schlechter Informations- und Datenfluss zwischen Lieferant und Abnehmer.

Folgewirkungen aus den Produktmängeln sind z. B. Mängelbeseitigung am Produkt durch Aufarbeitung, zusätzliche Rücksendung, verspätete Ersatzlieferungen, mögliche Arbeits-/Durchlaufverschiebungen, insgesamt höherer Organisations- und Administrationsaufwand für alle Beteiligten, höhere Prozesskosten oder sogar Beschwerden von Kunden beim Einsatz des Produktes bis hin zu Regressforderungen durch Kunden.

Wie man sieht, ist es absolut vonnöten, hier eine Klarheit und Transparenz zu schaffen, um entsprechend (re)agieren zu können. Hier kann die Verwendung der beiden folgenden Schaubilder hilfreich sein (s. Abb. 40 und Abb. 41).

In den unterschiedlichen Risikofeldern können die für das Projekt gefährdenden Risiken, die selbst ja in mannigfaltiger Weise in Erscheinung treten, umfassend erfasst werden. Das Projektteam ist hier insgesamt gefordert, sich einen möglichst kompletten Risikoüberblick zu verschaffen.

Es sind alle für das Projekt relevanten Ursachen, Symptome und Folgewirkungen als Risikoaspekte zu identifizieren, zu erfassen und den in den Abbildungen dargestellten Feldern bzw. Kategorien zuzuordnen. Dabei gehören in

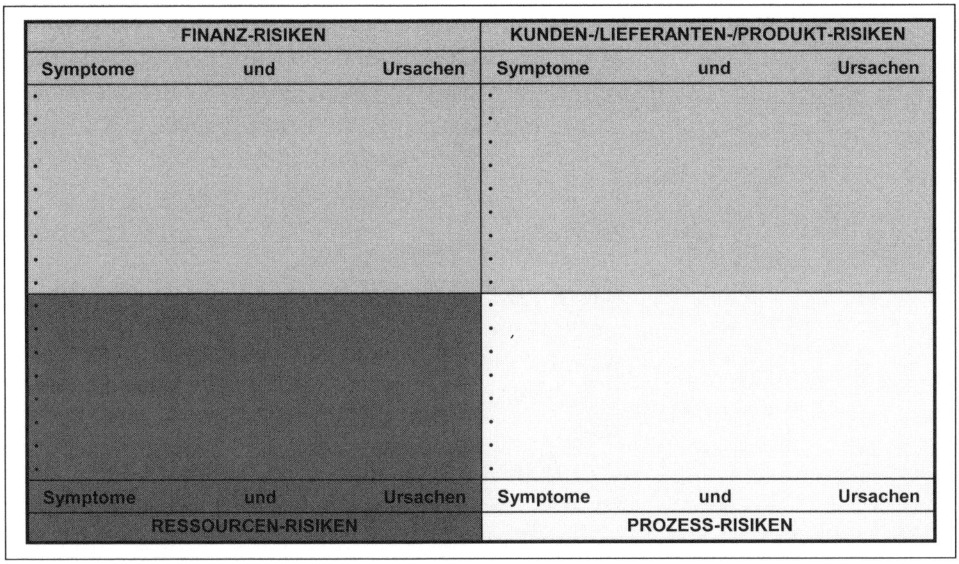

FINANZ-RISIKEN			KUNDEN-/LIEFERANTEN-/PRODUKT-RISIKEN		
Symptome	und	Ursachen	Symptome	und	Ursachen
Symptome	und	Ursachen	Symptome	und	Ursachen
RESSOURCEN-RISIKEN			PROZESS-RISIKEN		

Abb. 40: Risikoidentifizierungsmatrix Symptome-Ursachen

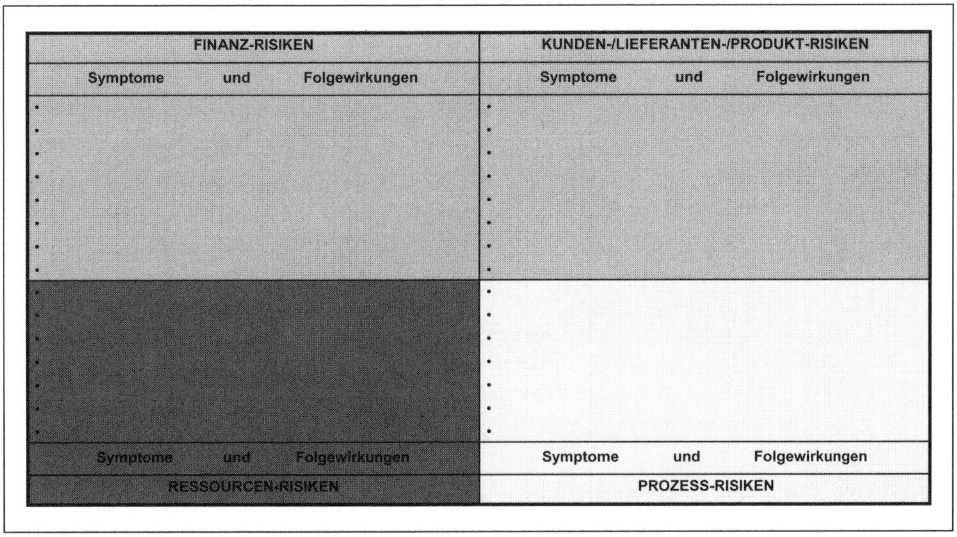

FINANZ-RISIKEN			KUNDEN-/LIEFERANTEN-/PRODUKT-RISIKEN		
Symptome	und	Folgewirkungen	Symptome	und	Folgewirkungen
Symptome	und	Folgewirkungen	Symptome	und	Folgewirkungen
RESSOURCEN-RISIKEN			PROZESS-RISIKEN		

Abb. 41: Risikoidentifizierungsmatrix Symptome – Folgewirkungen

- Finanzielle Risiken — alle monetären bzw. finanziellen Sachverhalte wie z. B. Steigerungen der Gesamtkosten oder von Kostenelementen bzw. -treibern und Preisbestandteilen, Gewinn- oder Ergebnisschmälerungen, Refinanzierungszins- oder Wechselkursänderung(stendenzen), Insolvenzgefahr usw.,

- Markt-, Lieferanten-, Kunden- und Produktrisiken: alle markt-, lieferanten-, kunden- und materialbezogenen Sachverhalte wie z. B. volkswirtschaftliche und politische Entwicklung in den Beschaffungsmärkten, neue Gesetzgebungen, intensiver Beschaffungswettbewerb, zu geringes Marktangebot wegen Kapazitätsgrenzen, Ausfall von Lieferanten, Produktabkündigungen, neue Materialien, Produkte, Ersatzprodukte und Dienstleistungen, Technologiesprünge, Qualitätsmängel am Produkt, zu lange Lieferzeiten etc., in

- Prozessrisiken — alle unternehmensinternen wie -übergreifenden Geschäftsprozessrisiken wie z. B. bezgl. Schnittstellenproblematiken in IT, Logistik, Warenfluss, Prozessdefizite in Kommunikation, Entwicklung, Konstruktion, Produktion, Vertrieb, Qualitätsmanagement, Produktmanagement etc. und in

- Ressourcenrisiken — alle ressourcenbezogenen Sachverhalte z. B. bezgl. Aufbauorganisation, Personalausstattung (qualitativ/quantitativ), Methoden, Verfahren, (IT-/Logistik-/Materialfluss-) Infrastrukturen, eingesetzte Instrumentarien und vieles andere mehr.

Ein jedes Projektrisiko ist hinsichtlich seiner Eintrittswahrscheinlichkeit, seinen Auswirkungen (Verzögerung, Kostenerhöhung, Qualitätseinbuße etc.) und dem von ihm verursachten Schaden zu qualifizieren. Soweit es geht, sollten Risiken auch quantifiziert werden, z. B. in kostenbezogener bzw. finanzieller Hinsicht. Obwohl eine exakte Quantifizierung nicht immer einfach ist, sollte man dennoch versuchen, die Risikoauswirkungen bzw.

den möglichen Schaden in Währungseinheiten (z. B. €, $ etc.) auszudrü-
cken.

Vor allem für Risiken mit starken Auswirkungen und hoher Wahrscheinlichkeit müssen adäquate Gegenmaßnahmen (Risikominimierung, Szena-
rien zur Schadensbegrenzung etc.) geplant werden.

Ein dafür geeignetes Raster zur Erfassung und Beschreibung dieser Risi-
kosachverhalte liefert Abb. 42.

Art des Risiko	Eintrittswahr- scheinlichkeit	Auswirkungen	Maßnahmen
Klassifizierung, Benennung und Beschreibung des Risikos	Angaben in % oder mit Angaben sehr hoch, hoch, mittel etc.	Wirkungsangaben z. B. auf Qualität, Aufwand, Kosten, Termine etc.	Angaben über ein-zuleitende Maßnah-men in Form von Initiative, Teilpro-jekt, Arbeitspaket etc.

Abb. 42: Das Risikoraster

Die gesamte Risikoidentifizierung und das Risikohandling sollten dabei im
Rahmen eines projektbezogenen Risikomanagements stattfinden. Unter
Risikomanagement ist hier die systematische Erfassung, Bewertung und
Steuerung der unterschiedlichsten Risiken sowie der planvolle Umgang
mit den Risiken und ein entsprechendes Risikomonitoring zu verstehen.

Die Projektbeteiligten sollten je nach Projektintegration und betreuten
Projektaufgaben die entsprechenden Risiken und Chancen kennen und
zur Beobachtung und späteren Beeinflussung zugeteilt bekommen. Die
dafür notwendigen Maßnahmen zur Risikosenkung, Risikominimierung
oder Risikovermeidung sind vom Projektteam im Vorfeld zu erarbeiten,
abzustimmen und auszuwählen. Der Projektleiter führt diesen Prozess
und unterstützt die Projektteammitglieder bei der Bewältigung eintreten-
der Risiken.

Überschreiten die ermittelten Risiken einen Schwellenwert, so besteht eine Berichtspflicht an die Projektleitung. Von größter Wichtigkeit ist eine offene und schnelle Kommunikation bereits beim Abzeichnen eines Risikoeintritts oder auch beim Risikoeintritt selbst. Je zügiger und passender Risiken angegangen werden, umso besser gestaltet sich das Risikohandling und umso geringer werden die spezifischen Auswirkungen sein.

8.9   Balkenplan

In größeren Projekten kann der Projektleiter in der Feinplanung die Schritte zwischen den einzelnen Meilensteinen detaillieren. Hierfür ist der Balkenplan (s. Abb. 43) ein geeignetes Werkzeug. In der Regel werden Balkenpläne mit einem Software-Tool erstellt.

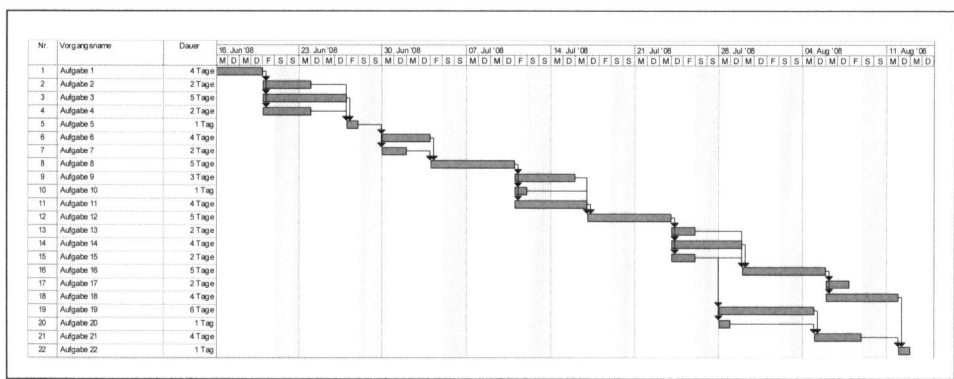

Abb. 43: Balkenplan

Es besteht die Möglichkeit, die Aufgaben miteinander zu vernetzen um so auch die Abhängigkeiten zwischen den einzelnen Aufgaben zu erkennen.

8.10   Überwachungs- Balkenplan

Der Balkenplan kann noch mit einem so genannten Ursprungs- oder Basisplan erstellt werden. Hier kann der Projektleiter die ursprüngliche Planung der aktuellen Planung gegenüberstellen und daraus Abweichungen erkennen. Die obere Hälfte der Balken zeigt die aktuelle Planungssituation, die untere Hälfte der Balken zeigt die ursprüngliche Planung (s. Abb. 44).

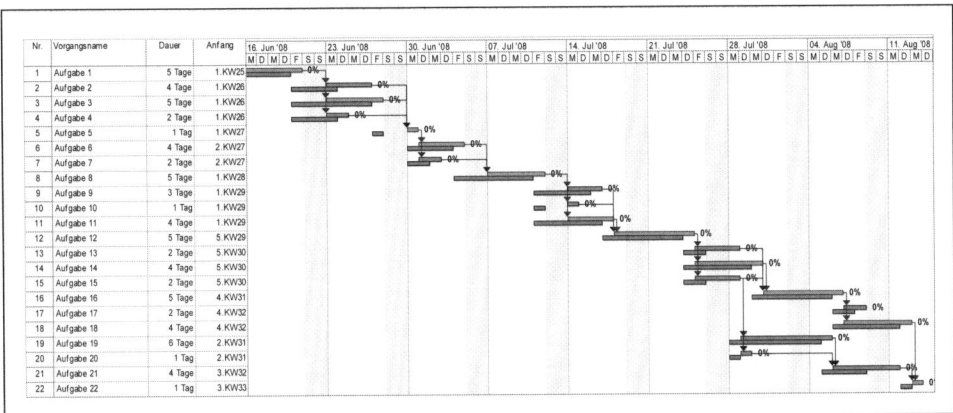

Abb. 44: Überwachungs-Balkenplan

Der Überwachungs-Balkenplan eignet sich für ein kontinuierliches Monitoring der Plan- und Ist-Situation und visualisiert Differenzen zwischen beiden.

8.11 Netzplan

Durch den Netzplan kann die Art der Vernetzung zwischen den Arbeitsaufgaben sehr schnell erkannt werden. Die in rot markierten Vorgänge sind auf dem „kritischen Pfad". Dies sind die Vorgänge, die bei einer Verzögerung automatisch den Endtermin beeinflussen. Netzpläne werden heutzutage nur noch selten angewendet. Die aktuellen Softwaretools bieten die Möglichkeit, dies über vernetzte (Überwachungs-)Balkenpläne darzustellen.

Einen auszugsweisen Netzplan zeigt Abb. 45.

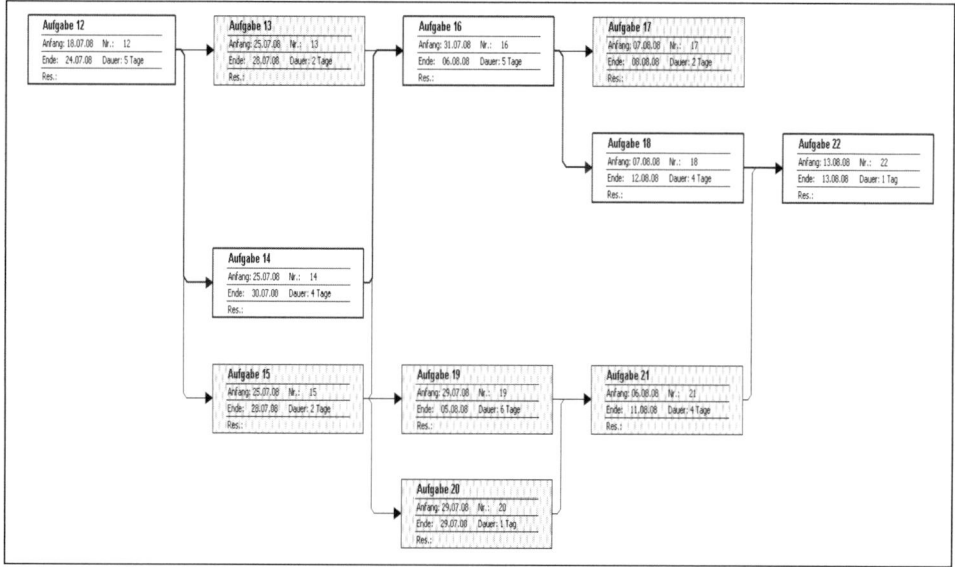

Abb. 45: Netzplan

8.12 Termin-Kapazitäten-Plan

Mit Hilfe des Balkenplans mit Termin- und Kapazitätenangabe können den einzelnen Aufgaben Ressourcen zugeordnet werden. Damit kann der Projektleiter den Kapazitätsbedarf ermitteln. Anhand der zur Verfügung stehenden Ressourcen kann er somit die zeitliche Einreihung der Aufgaben vornehmen. Die meisten Software-Tools bieten hierfür eine entsprechende Unterstützung an. Der Projektleiter hat jedoch darauf zu achten, dass er sich nicht zu sehr in das Ressourcenmanagement reinsteigert. Wenn er nämlich für alle Mitarbeiter ständig eine aktuelle Ressourcenplanung pflegen und immer die Auswirkungen auf die Termine berechnen und abschätzen muss, ist die Gefahr sehr groß, dass er zu nichts anderem mehr kommt. Die Pflege der Ressourcen ist relativ zeitaufwändig und der Nutzen oft fraglich. In der Regel empfiehlt es sich, das Ressourcenmanagement eher auf die Teammitglieder herunter zu brechen. An Stelle der Frage „Wie viel Zeit haben Sie als Projektmitarbeiter für das Projekt zur Verfügung und ich errechne aus der Summe der verfügbaren Zeiten die Laufzeit der Aufgabe", ist es oft sinnvoller zu fragen

„Diese Aufgabe steht zur Erledigung an. Bis wann Sie können diese machen?"

Abb. 46 veranschaulicht das Beispiel einer Kapazitätsplanung:

Ressourcenname	Arbeit	Einzelheiten	16. Jun '08							23. Jun '08							30. Jun '08				
			M	D	M	D	F	S	S	M	D	M	D	F	S	S	M	D	M	D	F
1 – Person A	200 Std.	Arbeit	8h	8h	8h	8h	8h			8h	8h							8h	8h	8h	8h
Aufgabe 1	40 Std.	Arbeit	8h	8h	8h	8h	8h														
Aufgabe 4	16 Std.	Arbeit								8h	8h										
Aufgabe 6	32 Std.	Arbeit																8h	8h	8h	8h
Aufgabe 9	24 Std.	Arbeit																			
Aufgabe 11	32 Std.	Arbeit																			
Aufgabe 15	16 Std.	Arbeit																			
Aufgabe 17	16 Std.	Arbeit																			
Aufgabe 21	32 Std.	Einzelheiten																			
2 – Person B	120 Std.	Arbeit								8h	8h	8h	8h				8h				
Aufgabe 2	32 Std.	Arbeit								8h	8h	8h	8h								
Aufgabe 5	8 Std.	Arbeit															8h				
Aufgabe 12	40 Std.	Arbeit																			
Aufgabe 13	16 Std.	Arbeit																			
Aufgabe 14	32 Std.	Arbeit																			
3 – Person C	64 Std.	Arbeit								8h	8h	8h	8h	8h			8h	8h			
Aufgabe 3	40 Std.	Arbeit								8h	8h	8h	8h	8h							
Aufgabe 7	16 Std.	Arbeit															8h	8h			
Aufgabe 10	8 Std.	Arbeit																			

Abb. 46: Termin-Kapazitäten-Plan

9. Projektsteuerungs-Tools für das Projektmanagement im Einkauf

9.1 Standards der Projektsteuerung

Viele Leiter und Teammitglieder treffen immer wieder auf ähnliche Probleme, die sie tagtäglich im Projekt erleben und mit denen sie sich auseinanderzusetzen haben. Zu solchen Problemen, die teilweise auch als „Horrormeldungen" kursieren, gehören z. B. immer wieder, dass

- Budgetvorgaben z. T. weit überzogen sind,
- falsche Ressourcen eingesetzt werden (z. B. fehlende Fach-, Methoden- oder Sozialkompetenz bei Projektmitarbeitern, fehlende oder mangelhafte PM-Tools),
- viel zu viel Ressourcen verbraucht werden,
- Aufgaben noch nicht oder unvollständig erledigt sind,
- Verantwortungsregelungen fehlen,
- Terminverschiebungen angekündigt werden und
- der Auftraggeber und/oder der Projektleiter oder Teilprojektleiter unzufrieden sind.

Leidensdruck für das Projekt erwächst also schon unter unklaren Zielvorgaben und Rahmenbedingungen. Dabei ist das Projektmanagement ja eigentlich dazu da, die angestrebten Projektziele zu erreichen, Aufgaben sach- und termingerecht zu planen und zu bewältigen und Lösungen für ein Problem oder eine Herausforderung und damit für das Unternehmen zu entwickeln und umzusetzen. Doch die Projektsteuerung, als ein wichtiger Baustein des Projektmanagements, der hier Abhilfe schaffen kann, wird zum Teil nur rudimentär eingesetzt.

Dabei spielen im Wesentlichen die schon im Kap. 7.4 angeführten Zielsektoren bzw. Leistungs- und Kostenmerkmale jedes Projektes und deren Entsprechung mit den Erwartungen des Auftraggebers eine Rolle:

- **Leistung** Erreichen wir das gewünschte Projektzielsystem und die geplanten Projektresultate in qualitativer und quantitativer Hinsicht?
- **Kosten**: Auf welche Höhe belaufen sich die im Projekt entstandenen Kosten und wie hoch ist der eingesetzte Ressour-

cen-Aufwand? Bewegt sich das Projekt im Rahmen des Budgets und verbleibt es dort?

- **Termin**: Können die geplanten Zeitfenster eingehalten werden, bis zu denen die Meilensteine bewerkstelligt sein sollen, d. h. die (Teil-/Gesamt-)Ergebnisse vorliegen sollen? Kann das Projekt fristgerecht abgeschlossen werden?
- **Anforderungsentsprechung**: Stimmen die erreichten Ergebnisse mit den Erwartungen bzw. Anforderungen des Auftraggebers überein?

Erste zentrale Aufgabe des Auftraggebers und des Projektleiters im Rahmen des Projektmanagements ist es doch, festzulegen, welche Ergebnisse das Projekt liefern soll, welches Budget dafür zur Verfügung steht und wann die Ergebnisse vorliegen sollen. Daraus leitet sich dann auch die zentrale Aufgabe der Projektsteuerung ab: Es muss sicherstellen, dass diese Vorgaben eingehalten werden. Hieraus entsteht auch die Anforderung an den Projektleiter und das Team, zur fundierten Projektsteuerung einen sog. Projektsteuerungskreislauf zugrunde zu legen und diesem zu entsprechen.

Um die Einhaltung der in der Ausführungsplanung festgelegten Vorgaben überprüfen zu können, bedarf es eines kontinuierlichen und umfassenden Überblickes über die jeweilige tatsächliche Ist-Situation. Die Ist-Datenerfassung und der Vergleich der gegenwärtigen Informationen und Daten im Rahmen einer Plan-/Soll-Ist-Analyse erlauben, mögliche Differenzen zu entdecken. Diese Differenzen oder Abweichungen sind genau zu betrachten, fundiert zu interpretieren und zu bewerten. Um fehlgeleiteten Entwicklungen entgegenwirken zu können, werden mögliche Alternativen beurteilt und geeignete Korrekturmaßnahmen bestimmt, geprüft und ggf. eingeleitet. Die eingeleiteten Aktivitäten sind konsequent durchzuführen, um gegensteuernd weitere Projektabweichungen zu minimieren oder zu vermeiden und die Ausführung des Projekts zu steuern. Eventuell erfolgt eine Anpassung der Plan-/Soll-Vorgaben bis hin zu einer Umdefinition und Anpassung einzelner aktueller Projektziele. Letzteres sollte aber nur in Ausnahmefällen vollzogen werden.

Die Steuerung eines Projektes ist wie die Navigation und das Führen eines Schiffes. Und die Hoheit über diese anspruchsvollen Aufgaben sollte doch der Kapitän haben und diese auch ausüben. Wer die übertragene Aufgabe der Projektsteuerung im Projekt vollzieht, wird oft diskutiert. Unseres Erachtens sollte die Steuerungsleitungsaufgabe zwingend durch den Projektleiter wahrgenommen werden, denn er muss stetig und ganzheitlich wissen, wie sein Projekt läuft, um dann an den Auftraggeber und/oder den Lenkungsausschuss berichten zu können. Der Projektleiter benötigt zwingend den Überblick,

- wohin die Reise geht,
- welchen Kurs das Projekt nimmt,
- ob das Projekt in der Zeit ist,
- welchen Status das Projekt aufweist,
- ob sich aktuelle oder zukünftige Schwierigkeiten abzeichnen oder diese schon eingetreten sind,
- ob und warum es Abweichungen von der geplanten Route gibt,
- welche Korrekturaktivitäten vorgeschlagen und anzugehen sind und
- ob evtl. Ziel-, Routen- oder terminliche Änderungen zu vollziehen sind.

Natürlich muss auch das Projektteam und die einzelnen Mitglieder spezifisch über relevante Situationen und Entwicklungen auf dem aktuellen Stand gehalten werden. Hierfür ist zu bestimmen, wer über was wie in Kenntnis zu setzen ist.

Je nach Größe und Komplexität des Projekts und der im Unternehmen gesetzten Standards, können unterschiedliche Personen das Projektcontrolling unterstützend übernehmen.

In den meisten Fällen nehmen die Projektbeteiligten selbst die Projektsteuerung und alle damit zusammenhängenden Verpflichtungen und Aufgaben für die von ihnen jeweils zu verantwortenden und/oder durchzuführenden Projektaufgaben (z. B. Teilprojekte, Arbeitspakete etc.) wahr.

Bei umfangreicheren Projekten wird die Funktion eines Projektcontrollers einzurichten sein, der dem Projektleiter als ausführende Gewalt der Projektsteuerungsfunktion zur Seite steht. Gerade bei größeren Projekten ist es erst recht unabdingbar, diese Funktionalität zu institutionalisieren, da anspruchsvolle und umfassende Steuerungsaufgaben daraus erwachsen und stetig eine große Informations- und Datenmenge zu eruieren ist, um den jeweiligen Projektstatus realitäts- und zeitnah abbilden zu können. Der eingesetzte zusätzliche Steuermann hat hier neben dem Projektleiter – je nach Unternehmen und projektspezifischer Regelung – zusätzlich die Teilprojektleiter, entsprechende Personen aus der Linienorganisation, den Lenkungskreis bis hin zum Auftraggeber über die Projekte auf dem aktuellen Kenntnisstand zu halten.

Der Projektcontroller steht dann in der Verantwortung, alle nötigen Informationen zu sammeln, diese aufzubereiten, auf mögliche Abweichungen oder Risiken hinzuweisen und den Projektleiter und die Teammitglieder beratend zu unterstützen, welche konkreten Maßnahmen zur Verbesserung ergriffen werden können.

So kann es sein, dass Controlling-Spezialisten für die Wahrnehmung der Projektsteuerung eingesetzt werden. Geeignet sind hierfür Personen aus der eigenen Controlling-Abteilung oder sogar externe Dienstleister z. B. (Projektmanagementspezialisten, Projektcontroller, Fachberater, Interimsmanager o.a.), die extra dafür involviert werden.

Jeder, der schon mal ein Haus gebaut hat, weiß, was alles schief gehen kann. Viele Fehler werden erst auf der Baustelle erkannt. Wenn man nicht regelmäßig auf der Baustelle ist, erhöht sich die Gefahr, dass Fehler in der Ausführung nicht identifiziert werden und noch rechtzeitig korrigierend eingegriffen werden kann.

Ebenso verhält es sich in Projekten. Projektleiter haben die Aufgabe, ständig auf der „Projektbaustelle" zu sein. Viele Projektleiter denken, dass es ausreicht, die Projektplanung zu verfolgen und abzufragen und eine eher „virtuelle" Steuerung zu realisieren. Sie sind nicht oder selten dafür sensibilisiert, dass eine primäre Aufgabe der Projektsteuerung auch darin liegt, sich „vor Ort" einen Eindruck über die jeweiligen Gegebenheiten und den Fortschritt zu verschaffen. „Management by walking around" und „Management by talking around" sind zwei vorrangige Devisen für Projektleiter. Zeigen Sie Präsenz bei Ihren Projektteammitgliedern und den betroffenen Geschäftseinheiten und oder anderen, in das Projekt eingebundenen Unternehmen. Sprechen Sie mit den Leuten und holen Sie sich Ihren persönlichen Eindruck ab, was im und beim Projekt passiert.

Im Rahmen der Projektsteuerung hat der Projektleiter 8 Kernaspekte im Auge zu behalten. Diese können auch als sog. Kernfragen aufgelistet werden, für die der Projektleiter jeweils eine Antwort parat haben muss. Die Kernfragen sind:

1. Wie verteilen Sie Aufgaben im Projekt?
   - An Projektteammitglieder?
   - An betroffene Unternehmensangehörige?
   - An Kunden oder Lieferanten?
2. Welche Formalismen wenden Sie an (mündlich, schriftlich)?
3. Wie dokumentieren Sie Änderungen?
   - Kostenänderungen
   - Änderung der Ziele
   - Termin-/Fristenänderungen
   - Ergebnisänderungen
4. Welche Rückmeldesysteme kommen zur Anwendung und wie erfassen Sie den Stand des Projektes? Welche Instrumente wenden Sie an?
5. Wie erfolgt die geplante Kommunikation?
6. Wie betreiben Sie Krisenmanagement? Wie gehen Sie mit kurzfristigen Änderungen (z. B. Krankheit, verändertes Umfeld, Unvorhergesehenes …) im Projekt um?
7. Dokumentation: Was dokumentieren Sie? Wo legen Sie Ihre Dokumentation ab? Wie lange bewahren Sie Ihre Projektunterlagen auf?
8. Berichtswesen: Wer muss wann und wie über den Projektfortschritt wie informiert werden?

9.2 Aufgabenverteilung, Verantwortung und Rechte im Projekt

Besonders wichtig ist die Eindeutigkeit der Informationen bei der Aufgabenverteilung in der Projektstartphase. Oft gibt es schon hier Missverständnisse und Kommunikationsprobleme, die aber auch während des gesamten Projektablaufes auftreten können.

Es empfiehlt sich, die Aufgaben in schriftlicher Form festzuhalten und weiterzugeben. Hierfür gibt es verschiedene Möglichkeiten:
- Arbeitspaketbeschreibung
- Teambesprechungen mit abschließendem Aktionsplan.

Die für die Teilprojekte relevanten Arbeitspakete und deren Erfassung in Form von Arbeitspaketbeschreibungen sind bereits in Kap. 8.2 dargestellt worden.

Teambesprechungen sind straff zu planen und durchzuführen. Rechtzeitige Information der einzubeziehenden Personen über deren Stattfinden inkl. des Zeitpunktes, der Dauer und des Meetingortes, eine eindeutige Agenda der zu behandelnden Sachverhalte, eine zeitliche Limitierung der Besprechung, konsequentes Durcharbeiten der Tagesordnungspunkte, die schriftliche Dokumentation und zeitnahe Zurverfügungstellung der Dokumentation sind grundlegende Anforderungen zur Vorbereitung und Durchführung derartiger Teambesprechungen.

Werden Aufgaben für das Projektteam bzw. einzelne Projektbeteiligte oder andere Einheiten des Unternehmens erarbeitet, diskutiert und festgelegt, sind für die fixierten Projektaufgaben eindeutig zumindest die jeweilige Zielsetzung der Aufgabe, die Aufgabenstellung selbst (nebst möglicher Einflüsse, Rahmenbedingungen, Schwierigkeiten etc.), das zur Verfügung stehende Zeitfenster, der/die Verantwortliche(n) und das Reporting (Was ist wie von wem an wen zu berichten!) zu bestimmen und schriftlich festzuhalten.

Jeder Aufgabenverantwortliche als auch die Realisatoren der Aufgaben müssen sich im Klaren sein, welche Verantwortung ihnen mit der Übertragung der Aufgabe für eine insgesamt erfolgreiche Projektbewältigung zukommt. Jede Projektaufgabe ist in ein umfassenderes Projektaufgabennetzwerk eingebunden und hat seine Korrelation und Beziehungen zu anderen Projektaufgaben. Aufgaben sind fast immer Voraussetzungen, um andere Aufgaben – parallel oder im Nachhinein – realisieren zu können. Der Gesamtkontext des Projektes und die Positionierung der eigenen Aufgabenstellung sind sich stetig vor Augen zu führen und im Bewusstsein zu halten. „Actio gleich reactio" heißt ein bekanntes physikalisches Gesetz, an das man sich hier erinnern sollte.

Die schriftliche Festhaltung fundiert das skizziert Beschriebene und erinnert daran. Die konsequente Einhaltung der übertragenen Aufgabe sollte sich von selbst verstehen und wer es nicht versteht, von dem ist es strikt einzufordern. Leider ist jeder Aufgabenverantwortliche und/oder -durchführende – auch in Abhängigkeit der jeweils gewählten Projektorganisation – immer wieder mit anderweitigen Herausforderungen konfrontiert. Zu diesen zählen primär operative Zwänge im üblichen Geschäftsumfeld und Aufgabenbereich in der Linienfunktion und Arbeitsstelle. Neue Anforderungen der Kunden, Materialänderungen, nicht oder zu spät eintreffende Materiallieferungen, Qualitätsmängel beim angelieferten Produkt, Ausfall eines Lieferanten, Maschinenstillstand innerhalb des Hauses, vorgezogene oder verschobene Produktionsaufträge stellen einzelne Beispiele dar und bilden hier nur rudimentär ab, mit was wir uns im Unternehmensalltag neben, oder besser gesagt, zusätzlich zu Projektaufgaben möglicherweise auseinanderzusetzen haben.

Daneben ergänzen z. B. Missstände in den eigenen Unternehmensprozessen, fehlende oder eingeschränkte Kommunikation innerhalb oder zwischen den verschiedenen Unternehmenseinheiten oder Personen, aber auch der Faktor „Es menschelt überall" die tägliche Herausforderung, die einem anvertrauten Projektaufgaben in der richtigen Zeit und in der richtigen Qualität zum Wohle des Projektes realisieren zu können.

Umso dringender und notwendiger ist eine eindeutige Abgrenzung zwischen Linien- und Projektarbeit, eine eindeutige Aufgaben- und Rollenabgrenzung für den Beteiligten und eine klare Definition der projektbezogenen Zeit- und Aufwandsanteile für den einzelnen Projektmitarbeiter als auch eine Projektaufgabeneindeutigkeit schon zu Projektbeginn als auch im laufenden Projektprozess. Hier werden neben den Pflichten des Projektteammitgliedes auch Rechte bestimmt, die er für sich beanspruchen kann (siehe hierzu auch nochmals die jeweilige AKV-Matrix der Projektgremien Projektleiter und Teammitglied in den Abb. 19 und 20). Ein Verständnis von und eine Unterstützung des jeweiligen Linienvorgesetzten oder anderer Geschäftseinheiten kann aber nicht immer vorausgesetzt und erlebt werden, wie die Unternehmenspraxis zeigt.

9.3   Änderungsmanagement

Ein weiteres Defizit, das immer wieder in Projekten festzustellen ist, ist die mangelhafte Dokumentation und Kommunikation der durchgeführten Änderungen (z. B. Ein Mitarbeiter befindet sich bei einem Lieferanten und/oder einem Kunden, spricht Änderungen durch und vergisst nach seinem Zurückkommen, den Projektleiter bzw. betroffene oder beteiligte Projektmitglieder darüber zu informieren). Bei allen Projekten, und insbesondere bei größeren, ist dies ein immenses Risiko. Sehr schnell können z. B. die Qualität des herzustellenden bzw. ausgelieferten Produkts, aber auch die Kosten aus dem Ruder laufen. Der Projektleiter hat somit die Aufgabe, ein sehr stringentes Änderungsmanagement einzuführen und zu überwachen. Dies beginnt damit, dass ein Formular für Änderungen allen Projektbeteiligten bekannt sein muss. Ein mögliches Gestaltungsbeispiel für eine Änderungsmitteilung entnehmen Sie der Abb. 47.

Änderungsmitteilung	Datum:	
Projekt:		Projektleiter:

Teilprojekt / Arbeitspaket:

O Ergebnisänderung (EÄ)   O Terminänderung (TÄ)   O Aufwandsänderung (AÄ)   O Kostenänderung (KÄ)

Veränderungen gegenüber der Planung
O Zieländerung (ZÄ)   O Planungsänderung (PÄ)   O Ablaufänderung (AUA)

Genaue Beschreibung der Abweichung

Ursachen bzw. Gründe für die Abweichung

Neue Sollwerte
Ergebniswert_____   Terminwert_____   Aufwandswert_____   Kostenwert_____

Kenntnisnahme   O Auftraggeber   O Projektleiter   O Teammitglieder: _____
Genehmigung   O Auftraggeber   O Projektleiter   O Linienvorgesetzter

| Unterschrift Auftraggeber | Unterschrift Projektleiter | Unterschrift Linienvorgesetzter |

Abb. 47: Änderungsmitteilung (Beispiel)

Jede Änderung hat den im Vorfeld der Projektplanung festgelegten „formellen" Weg zu gehen. Des weiteren sollten die Änderungen in bestimmten Abständen nochmals in einer Sitzung besprochen werden und die Auswirkungen abgeschätzt werden.

Ein paar Merkregeln sollten für ein wirkungsvolles Änderungsmanagement befolgt werden:
- Alle Beteiligten im Projekt müssen die Projektziele kennen. Nur so kann gewährleistet werden, dass Änderungen vom ursprünglichen Auftrag erkannt werden.
- Alle Beteiligten haben für das Thema Änderungen sensibilisiert zu werden. Nur wenn allen bewusst ist, dass Änderungen (so gering diese auch sein mögen) Projektteilergebnisse und damit auch das Projekgesamtergebnis beeinflussen können, werden Änderungen auch gemeldet.

- Ein klares Informationssystem über Änderungen ist zwingend notwendig.
- Es muss klar sein, wer über welche Änderungen entscheidet.

Die Auswirkungen der Änderungen bezgl. Leistung, Qualität, Kosten und Termin müssen immer bedacht und dokumentiert werden.

9.4   Rückmeldesysteme

Immer zu wissen, wo das Projekt steht, ist für den Projektleiter immanent wichtig. So ist zu gewährleisten, dass primär der Projektleiter stets einen kontinuierlichen Überblick über die Ist-Situation hat. Dies erlaubt ihm einen systematischen Vergleich mit der Plan-/Soll-Situation und die Identifizierung möglicher Abweichungen, um sofortige Gegenmaßnahmen zu starten. Dies gilt in gleicher Weise ebenso für die Teilprojekte als auch Arbeitspakete und die jeweiligen Teilprojekt-/Arbeitspaketverantwortlichen und die betreffenden Teammitglieder.

Das Augenmerk sei hier auf den Projektleiter gerichtet, der
- sich regelmäßig von den Projektbeteiligten den Fortschritt der Aufgaben berichten zu lassen hat (**Rote/Grüne-Linie**),
- in bestimmten Abständen mit seinem Team eine Trendanalyse durchzuführen hat (**Meilensteintrendanalyse**),
- die Risiken im Projekt zu beobachten hat **(Risikoportfolio/siehe Kap. 8.8)** und
- sich immer auch ein Bild vor Ort bzw. durch persönliche Gespräche verschaffen sollte.

Bei dem sog. **Statusbericht der Projektbeteiligten (Rote/Grüne-Linie)** wird in Form eines erweiterten Balkenplanes der Fortschritt der Aufgaben dokumentiert (s. Abb. 48).

Die rote Linie zeigt den Stichtag, an dem der Status abgefragt wird. Die grüne Linie steht für den aktuellen Erfüllungsgrad der Aufgabe in Prozent.

Je weiter sich die grüne Linie von der roten Linie entfernt, desto kritischer ist der Rückstand. Es sollten in Abhängigkeit der jeweiligen Abweichung und dem gegenseitigen Beeinflussungs- und Beziehungsgrad zwischen den Arbeitsaufgaben geeignete Korrekturmaßnahmen geplant oder angestoßen werden.

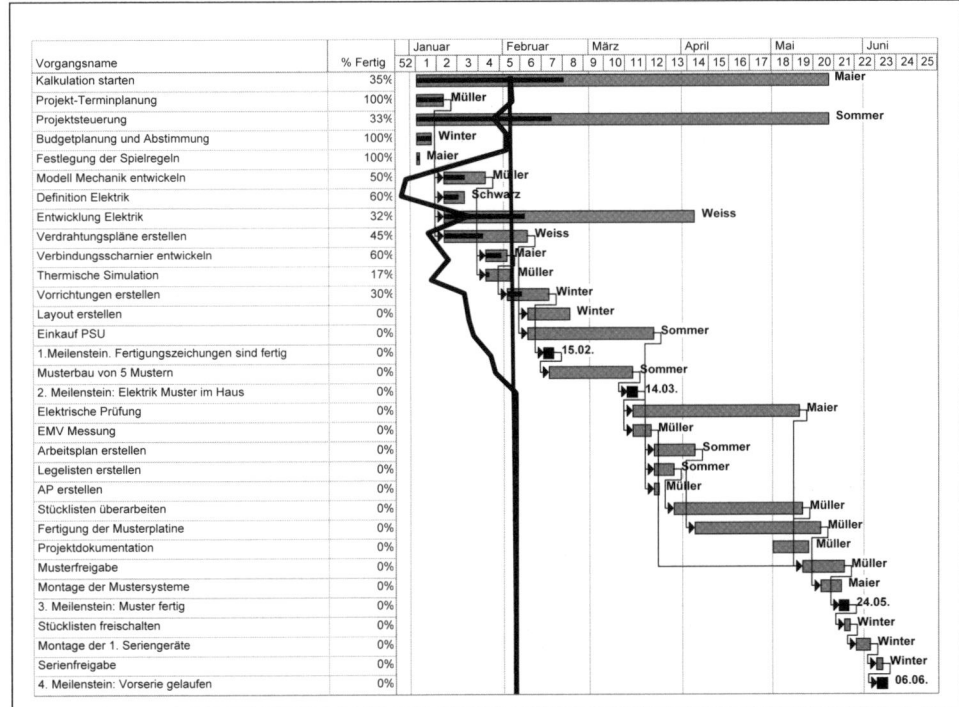

Abb. 48: Rückmeldesystem in Form des Rot-Grün-Linien-Balkenplanes

Generell bilden Termine eine der größten Herausforderungen im Projektmanagement. Da Aufgaben bis zu einem bestimmten Zeitpunkt bzw. innerhalb eines definierten Zeitraumes zu erledigen sind, und diese Aufgaben sich auch noch gegenseitig beeinflussen oder voneinander abhängig sind, ist die Erkennung möglichen Terminverzugs von elementarer Bedeutung. Gerade Meilensteine sind hier die wichtigsten Orientierungspunkte, die strikt überwacht und kontrolliert gehören, da diese die zwingend zu erreichenden Zwischenetappen im Projekt darstellen.

Die **Meilensteintrendanalyse** (siehe Abb. 49) ist dafür ein geeignetes Instrument, die dem Projektleiter hilft, mit seinem Team in bestimmten

Abständen abzuschätzen, wie wahrscheinlich die Einhaltung der nächsten Meilensteine ist. Es hat sich gezeigt, dass die Experten oft ein sehr realistisches subjektives Gefühl über die Erreichung von Terminen haben. Dieses Wissen sollte genutzt werden.

Bei einer Meilensteintrendanalyse ist es wichtig zu verstehen, dass eine Trendaussage keine automatische Verschiebung mit sich bringt. Durch die Trendaussage kann im Vorfeld erkannt werden, dass Gefahr im Verzug ist und es können somit rechtzeitig Gegenmaßnahmen gestartet werden.

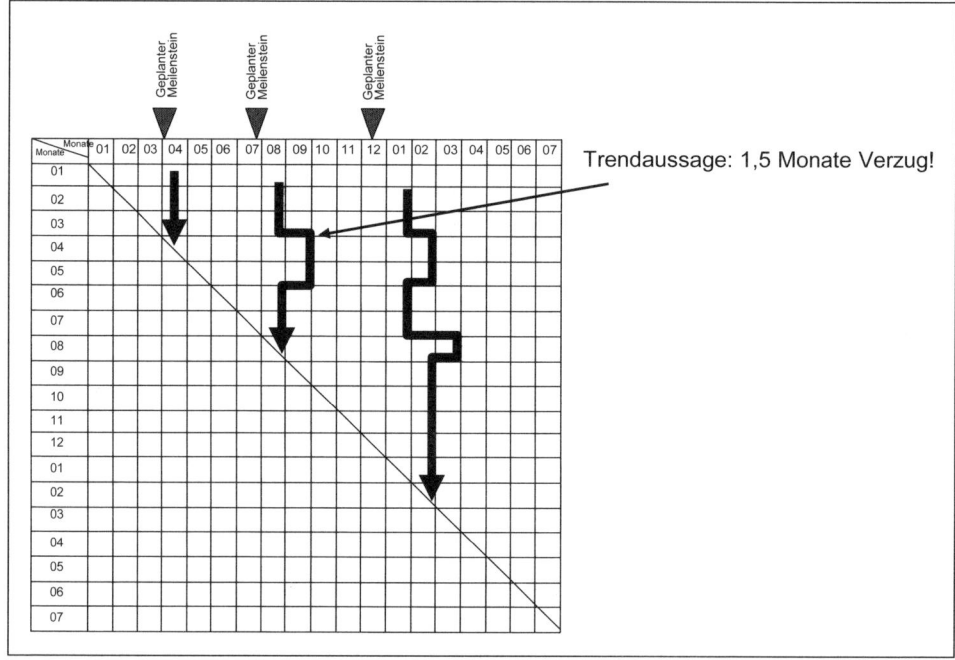

Abb. 49: Rückmeldesystem Meilenstein-Trendanalyse – Blockvisualisierung

Eine andere Form der Darstellung einer Meilenstein-Trendanalyse, mit der sich Meilenstein-Abweichungen identifizieren lassen, liefert der RKW (s. Abb. 50).

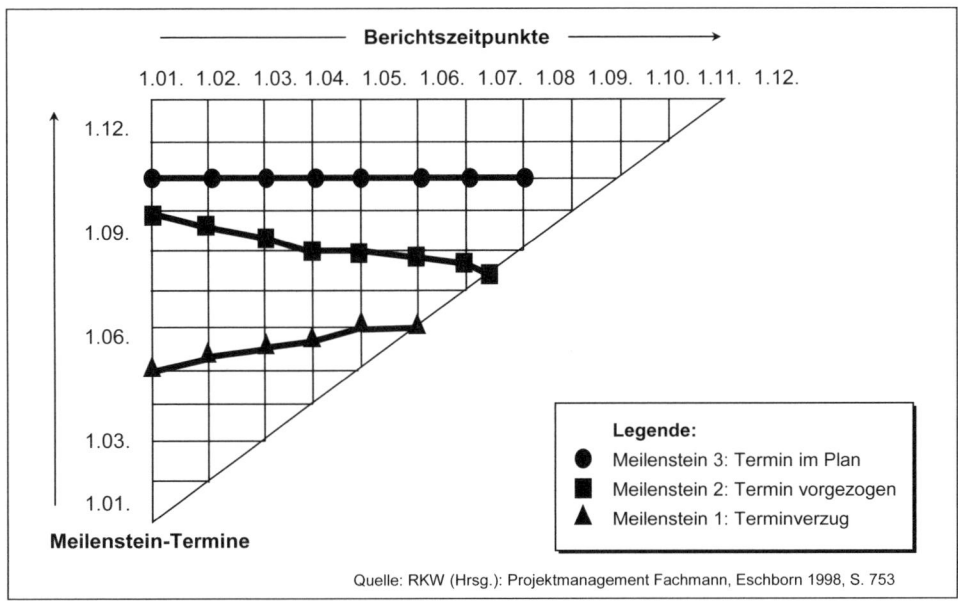

Abb. 50: *Rückmeldesystem Meilenstein-Trendanalyse – Dreiecksvisuali-*
sierung

Von gleich hoher Bedeutung ist eine strukturierte **Aufwands- und Kos-
tensteuerung**, Mit Hilfe dieser Rückmeldungssystematik werden die
ressourcen- und kostenbezogenen Vorgaben aus der Planung mit dem
Ist-Stand abgeglichen. Sie überwacht, welche Ressourcen für die Durchführung zur Verfügung standen, welche Kosten entstanden sind und ob
die jeweiligen Plandaten eingehalten wurden.

Im Projekt sind unterschiedliche Kostenarten festzustellen, die die Pro-
jektkosten beeinflussen, wie z.B. Ausstattungskosten, Materialkosten,
Reiskosten, externe Beratungskosten oder Kosten für die Nutzung von
Maschinen und Anlagen. Von außerordentlicher Bedeutung sind die Personalkosten der Projektmitarbeiter. Sie machen zumeist einen erhebli-
chen, wenn nicht den größten Teil der Projektgesamtkosten aus.

Basis für die Identifizierung und Analyse der Personalkosten ist die zeitliche Erfassung der Aufwandsstunden der einzelnen Projektmitarbeiter,
die oft in Form einer **Stundenaufschreibung** realisiert wird. Damit diese

ein verlässliches Bild liefert, sollte auf die Qualität der Erfassungskriterien und deren Genauigkeit, Vollständigkeit und Ehrlichkeit besonderer Wert gelegt werden.

Im Vorfeld des Projektvorhabens ist vom Projektleiter und dem Projektteam genau festzulegen, welche Kosten bei einem Projekt anfallen können und diesem zugeordnet werden sollen. Darauf aufbauend kann eine **Kosten-Status-/Trendanalyse** einen schnellen Überblick über den realen Kostenverlauf und mögliche Soll- und Ist-Abweichungen geben (s. Abb. 51).

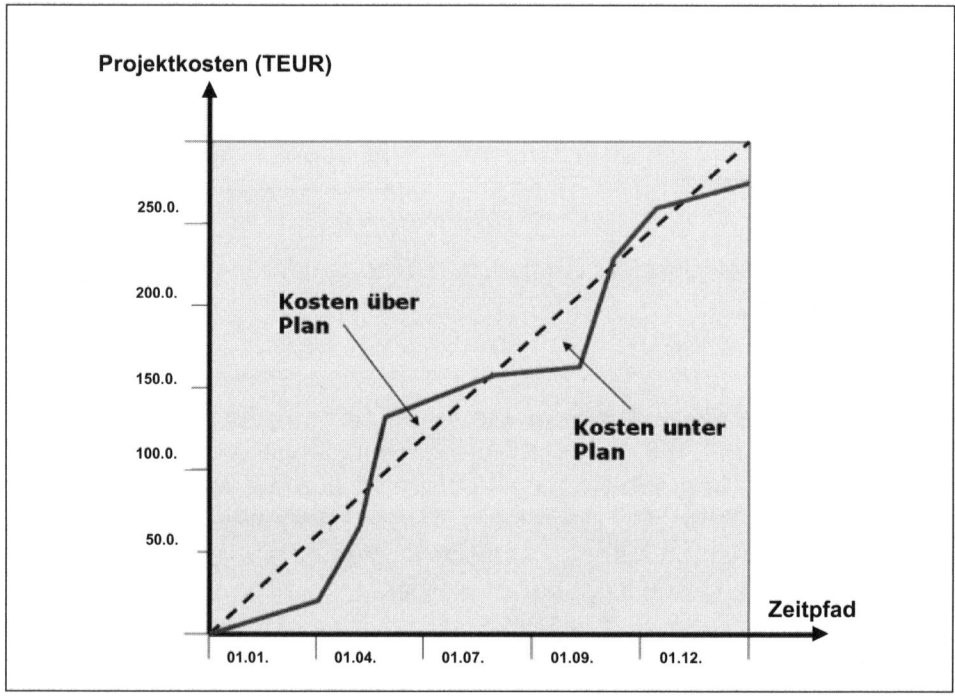

Abb. 51: Rückmeldesystem Kosten-Status-/Trend-Analyse

Die Kosten-Status-/Trend-Analyse erklaubt es, den Kostenverbrauch im Jetzt und Morgen im Blick zu behalten. Oft wird hierzu – wie in Abb. 51 auch dargestellt – ein gleichmäßiger Kostenverzehr während des Projektzeitraumes angenommen. Sollte dies nicht der Fall sein, ist die Planverlaufslinie der Kosten in ihrem Verlauf entsprechend anzupassen.

Oft reicht es zur Umsetzung der Kosten-Status-/Trend-Analyse nicht aus, die in Anspruch genommenen bzw. verbrauchten Stunden alleine zu ermitteln (quantitativer Betrachtungsaspekt). Zwingend muss gleichfalls eruiert werden, ob mit den Stunden auch die entsprechenden qualitativen Leistungen erbracht wurden (qualitativer Betrachtungsaspekt). Es hat also eine parallele Überwachung des Sachfortschritts und der erreichten Qualität zu erfolgen.

Je nach Projekttypus, Projektausformung und Projektergebnis müssen spezifische Messkriterien definiert werden, mit denen eine Beurteilung und Bewertung des Projektfortschritts und des Leistungskomplexes erfolgen kann. Als in Frage kommende Methoden eignen sich z. B.

- der quantitative und qualitative Vergleich von Zielen, Ergebnissen, Anforderungen, Erwartungen und Leistungen,
- gesonderte Abnahmen und Freigaben durch den Auftraggeber oder den Lenkungsausschuss,
- die Einschätzung des quantitativen und qualitativen Realisierungsgrads durch Experten wie z. B. Projektmitarbeiter, aus anderen Funktionen oder externe Experten (vom Kunden, Lieferanten, Beratern etc.) oder
- die Durchführung von Projekt-Audits zu definierten Statuspunkten (z. B. den Meilensteinterminen bzw. Meilensteinzeitfenstern).

Zur Vereinfachung der Beurteilung wird im Rahmen der Projektsteuerung der Projektfortschritt bzw. die zu einem bestimmten Zeitpunkt oder innerhalb eines Zeitraumes erbrachte Leistung in Prozent der Leistung angegeben. Der Leistungsgrad bemisst sich durch die Relation zwischen den Ist-Daten und den Plan- bzw. Zielwerten. Dieser Wert wird auch als Fortschrittsgrad oder Erfüllungsgrad bezeichnet.

9.5   Information und Kommunikation

Den Informationsfluss zu steuern und dafür zu sorgen, dass die am Projekt beteiligten Mitarbeiter mit den notwendigen Informationen versorgt werden, sind ebenfalls Hauptaufgaben des Projektleiters. Diese Informations- und Kommunikationshoheit übt er z. B. durch die Rollen des Kommunikationssteuermanns als auch die des Informationskapitäns und Kommunikators aus. Er hat dabei folgende Zielgruppen im Auge zu behalten:

- **Auftraggeber/Lenkungsausschuss**

Der Auftraggeber sollte regelmäßig über den Fortschritt des Projekts informiert werden. Dies geschieht in der Regel entweder zu den Meilensteinterminen oder in Form eines Projekt-Berichts. Bei gravierenden Abweichungen hat der Projektleiter selbstverständlich auch außerhalb der Berichtstermine den Auftraggeber zu informieren und sich abzustimmen.

Vermieden werden sollten sogenannte „Flurgesprächsrunden", in denen der Projektleiter den Auftraggeber auf dem Flur trifft und kurz die Situation im Projekt besprochen wird. Nicht, dass dies generell schlecht ist. Aber es ist lediglich eine flankierende Kommunikationsform, die jedoch nicht die sachgerechte, schriftliche Informationspflicht des Projektleiters ersetzt.

- **Projektteam**

Regelmäßige Besprechungen im Team sind Pflicht. Dem Projektleiter stehen hierfür sog. „Jour fix" zur Verfügung, in denen das Team über den Stand des Projektes berichtet und über Ergebnisse, Gegebenheiten, Chancen, Risiken und notwendige Maßnahmen im Projekt diskutiert. Zu diesen „Jour fix" sollte folgendes beachtet werden:
- Die Termine sind für einen längeren Zeitraum schon vorzugeben und zu fixieren.
- Für jede Sitzung ist im Vorfeld eine Agenda mit Zeitangaben festzulegen.
- Es sollten lieber öfters kurze Sitzungen angesetzt werden als lange Zeiträume und volle Sitzungstage.
- Jede Sitzung sollte damit beginnen, die Liste offener Punkte (LOP) durchzugehen.
- Jede Sitzung sollte mit einem Protokoll enden (inkl. einer Liste offener Punkte).

In bestimmten Abständen sollte der Projektleiter ein Feedback über die Art der Zusammenarbeit innerhalb des Projektteams, aber auch über die mit den betroffenen anderen Organisationseinheiten oder der assoziierten Projektpartner (z. B. Kunden, Lieferanten etc.) einholen. Dieses Feedback könnte durch die Abfrage z. B. nach folgenden Punkten eruiert werden:
- Wie zufrieden sind Sie mit der gemeinsamen Zielfindung und Aufgabenabklärung sowie Aufgabenbeschreibung?

- Wie zufrieden sind Sie mit der Arbeit des Projektleiters und des Projektteams?
- Welche generellen Stärken und Schwächen bzw. Defizite würden Sie für das Projekt anführen können?
- Wie zufrieden sind Sie mit der Informationssituation im Projekt?
- Wie zufrieden sind Sie mit der Dokumentationssystematik des Projektes?
- Wie zufrieden sind Sie mit der Kommunikation im Team, in den Projektgruppen und mit anderen Geschäftseinheiten oder anderen Projektunternehmen?
- Welche Beurteilung würden Sie für die Zusammenarbeit (des Teams, im Unternehmen, mit anderen externen Geschäftspartnern) abgeben? Und warum?
- Sind wichtige Entscheidungs-/Funktionsträger im bisherigen Projektablauf zu wenig/gar nicht berücksichtigt worden?

Diese beispielhaften Fragestellungen ermöglichen dem Projektleiter, die Arbeitsweise und insbesondere die Kommunikation im Team und des Teams mit Projektbetroffenen zu optimieren.

• Sub-Teams oder Teilprojektteams
Der Projektleiter sollte darauf achten, dass seine Teilprojektleiter in den Sub-Teams ähnliche bzw. möglichst gleichartige Kommunikationsstrukturen aufbauen wie er im Projektteam. Dies verdeutlicht die für das Projekt relevanten und wichtigen Informations- bzw. Kommunikationsinhalte und erlaubt eine einheitlich durchgängige Kommunikation und einen hohen Wiedererkennungseffekt.

Wichtig ist, dass die Informationen in beide Richtungen ohne Verluste fließen. Sinnvoll ist es, wenn der Projektleiter in bestimmten Abständen auch bei den Sub-Teamsitzungen anwesend ist.

• Kunden
Der Kundenaspekt wird bei Projekten oft vernachlässigt.
Dies kann am Beispiel Softwareeinführung eines Warenwirtschaftssystems skizziert werden. All zu oft werden die eigentlichen – hier internen – Kunden (bzw. Empfänger oder Nutznießer der Projektergebnisse), gerade auch aus anderen Funktionseinheiten, zu wenig eingebunden. Ihre Anforderungen an Datenstrukturen, Inhalten, Bedienbarkeit, Übersichtlichkeit

etc. werden nicht oder nur unzureichend berücksichtigt. Dies führt dazu, dass schon während, aber erst recht nach der Projektumsetzung die Kunden nicht mit dem Ergebnis zufrieden sind. Den Kunden in bestimmten Abständen in das Projekt mit einzubinden und ihn über den Fortschritt zu informieren, wird oft unterschätzt und sollte somit zu einer wesentlichen Aufgabe für den Projektleiter gehören.

Dasselbe gilt auch für die Einbindung externer Kunden oder der Kundenrepräsentanten aus dem eigenen Unternehmen wie z. B. Vertriebsmitarbeiter, Produktmanager, (Key) Account Manager und andere. So ist auch z. B. bei Materialumstellungen oder -modifizierungen oder vor beabsichtigten Veränderungen im Fertigungs- und Qualitätssicherungsprozess mit betroffenen (Groß-)Kunden abzustimmen, welche Anforderungen jeweils an die veränderte Situation bestehen und was von Seiten der Kunden bedacht und berücksichtigt werden sollte.

Ein Unterschied ergibt sich natürlich dann, wenn der externe Kunde selbst der Impulsgeber eines Projektes des eigenen Unternehmens ist. Dann sind seine Erwartungen, Bedürfnisse und Anforderungen umfassend und konsequent zu eruieren und müssen in das Projekt integriert werden.

• **Lieferanten**
In Projekten gibt es kontinuierlich Verschiebungen und Änderungen. So können sich z. B. Spezifikationen, Zeitfenster, Prozesse oder anderes ändern. Wenn nicht sichergestellt ist, dass der Lieferant auch über diese Änderungen informiert wird, besteht die Gefahr, dass die unterschiedlichen Informationsstände zu Chaos im Projekt führen können. Der Projektleiter sollte eine eindeutige Kommunikationsplattform zu den Lieferanten haben und mit seinem Team abklären, welche Informationen wie und wann an die Lieferanten gehen müssen und/oder welche Informationen wann an wen zurückfließen müssen.
Dies gilt ebenso und erst recht, wenn der Lieferant – wie oben beim Kunden – als Projektauslöser fungiert oder selbst ein Projekt betreibt, in dem das eigene Unternehmen als Kunde eingebunden ist.

• **Graue Eminenzen/Sponsoren/Stakeholder**
Oft gibt es neben dem Projektteam noch andere wichtige, einflussreiche Personen, die in das Projektgeschehen eingebunden werden sollten. Diese sind zu identifizieren und individuell zu informieren. Teilweise kann

es Sinn machen, sog. interne „Project-Relationship-Manager" zu definieren. Diese haben die Aufgabe, diese Personen mit Informationen auf dem Laufenden zu halten, die Kommunikation zu pflegen und für eine positive Einstellung zu sorgen.

- **Rest der Firma**

In Projekten fällt öfters der Begriff des „Projektmarketings". Hiermit ist das interne Darstellen und „Verkaufen" des Projekts gemeint. Je besser ein Projekt sich darstellt und positiv von der Organisation aufgenommen wird, desto größer ist die Unterstützung. Das Projekt bekommt eine höhere Priorität und die Wahrscheinlichkeit eines erfolgreichen Abschlusses steigt. Hier sind der Kreativität des Projektleiters keine Grenzen gesetzt. Mögliche Maßnahmen sind z. B.

- Informationen über das Projekt in der Firmenzeitung mittels kurzer Projekt(status-)berichte
- Berichte über das Projekt in Fachzeitschriften, in Projekt-Blogs oder auf einer Web-Plattform (Intranet/Extranet)
- Kurz-Info-Shops (30-minütige Inforunden für Unternehmensangehörige)
- Info-Markt (z. B. Aushang in der Kantine oder an einem Projekt-Navisystems in Form einer Projektwand) und/oder
- Rundschreiben oder eMails über den Status des Projekts.

9.6 Krisenmanagement

Murphy muss Projektarbeit erfunden haben. Dass Dinge nicht so laufen wie geplant, ist der Projektalltag. Hier kommt auf den Projektleiter die Aufgabe zu, immer Ruhe zu bewahren und das Beste daraus zu machen. Projektleiter müssen gute Krisenmanager sein. Gehen Sie nie davon aus, dass alles klappt, sondern eher davon, dass Mitarbeiter Informationen falsch verstanden haben, krank werden, dass Mitarbeiter sich nicht trauen, Ihnen tatsächlich die (wichtigen) Probleme zu nennen, und viele andere Dinge mehr.

Grundsätzlich gibt es zum Thema Krisenmanagement folgendes:
- Schnelle Reaktion ist Voraussetzung für die Bewältigung von Krisen.
- Jeder Mensch hat gut ausgeprägte Verdrängungsmechanismen. Beobachten Sie sich selbst, wenn Sie beginnen, Unangenehmes zu verschieben (in der Hoffnung, dass es sich von alleine erledigt).

- Krisen müssen auch ausgehalten werden. Wenn sich ein Loch im Projekt auftut, kann es in der Regel nur durch das Öffnen eines anderen Lochs gestopft werden. Unter Umständen ist das neue Loch jedoch schlimmer. Beispiel: Im Projekt gibt es Terminverzug. Der Projektleiter versucht dies zu korrigieren, in dem er Überstunden genehmigt. Dies führt jedoch dazu, dass der Kostenrahmen gesprengt wird!
- Informieren Sie rechtzeitig Ihren Auftraggeber über Probleme (ohne jedoch als Panikmacher zu erscheinen). Versuchen Sie neben der sachlichen Darstellung der Problematik auch geeignete Lösungsalternativen vorzuschlagen und deren Chancen und Risiken zu bewerten. Dies ist dann mit dem Auftraggeber, ggf. mit dem Lenkungsausschuss abzustimmen und ein weiteres Vorgehen zu beschließen.
- Lügen Sie nicht! So klar dies klingt, ist es doch oft in Projekten anzutreffen. Es lohnt sich nicht. Sagen Sie lieber offen, wo Probleme sind und kommunizieren Sie diese. Leider trifft man immer wieder auf das Phänomen der Schönfärberei. Sachverhalte werden positiv(er) beschrieben, obwohl es z. T. schon schwerwiegende Probleme gibt. Es existiert immer wieder die Versuchung, gegenüber Projektleiter oder sogar gegenüber dem Auftraggeber die Situation derart darzustellen, als sei alles in Ordnung und im sog. „grünen Bereich". Zu dieser Verhaltensweise verleiten die Fehleinschätzung und die Hoffnung, die Probleme rechtzeitig wieder in den Griff zu bekommen. Aber eigentlich wird dem Projekt hiermit die Grundlage entzogen, den Ablauf noch steuern und erfolgsorientiert gestalten zu können. Die Probleme werden sich sehr wahrscheinlich verschärfen. Außerdem trifft man immer wieder auf Ängste, sich der Kritik aussetzen zu müssen und das will man tunlichst vermeiden. Besser ist: Bleiben Sie bei der Wahrheit! Denn andere Verhaltensweisen schaden nicht nur dem Projekt und seinen Mitwirkenden selbst, sondern auch dem Unternehmen.
- Schaffen Sie ein Klima der Offenheit im Team! Alles darf, nein muss ausgesprochen werden dürfen. Fehler passieren immer, sollten aber dann kein zweites Mal passieren. Voraussetzung dazu ist, dass rechtzeitig und komplett kommuniziert wird. Dann kann schnell reagiert werden. Wenn die Mitarbeiter Angst vor dem Projektleiter (oder anderen Projektbeteiligten) haben, werden sie sehr vorsichtig mit der Weitergabe von negativen Informationen sein.

9.7   Dokumentation

Eine einheitliche Dokumentationsstruktur hilft, Transparenz in und über das Projekt über die Dokumentationsunterlagen zu bekommen. Der Projektleiter hat Klarheit über folgende Fragen zu schaffen:
- Was soll dokumentiert werden?
- Wie soll dokumentiert werden?
- Wann müssen die Unterlagen archiviert werden?
- Wer kümmert sich um die Dokumentation?
- Für wen werden Unterlagen gesammelt?
- Wo werden die Unterlagen aufbewahrt?
- Wer darf auf die Unterlagen zurückgreifen?
- Welche gesetzlichen Anforderungen werden an die Projektunterlagen gestellt?
- Wie lange müssen die Unterlagen nach Projektabschluss aufbewahrt werden?
- Welche für Unterlagen müssen nach dem Abschluss des Projektes noch aufbewahrt werden?

Prinzipiell lassen sich zwei Arten von Dokumentationsunterlagen unterscheiden:

Unterlagen zum Produkt bzw. Ergebnis
Zu dieser Unterlagengruppierung gehört z. B.
- Beschreibung des Ergebnisses
- Lasten-/Pflichtenhefte
- Konstruktionspläne
- Stücklisten
- Technische Beschreibungen
- Prüfprotokolle
- und anderes.

Unterlagen zum Ablauf des Projektes
Zu unterscheiden ist dagegen diese Klasse der Unterlagen über den jeweiligen Projektstatus und -verlauf, der z. B. folgende Dokumente zuzuordnen sind:
- Ergebnisberichte wie zum Beispiel Meilensteinberichte
- Stichtagsberichte über Projektfortschritt
- Sitzungsprotokolle

- Kunden/Lieferantenkorrespondenz
- Änderungsmitteilungen
- Kostenberichte
- Planungsunterlagen
- Projekttagebuch und
- Abschlußbericht.

Das Projektteam muss zu Beginn des Projektes ein Ordnungssystem für die Ablage aller projektrelevanten Unterlagen festlegen. Eine Möglichkeit ist, sich an der hierarchischen bzw. numerischen Struktur des Projektstrukturplanes zu orientieren. Alle Unterlagen werden in diesem Fall den Arbeitspaketen oder Teilprojekten zugeordnet.

9.8   Berichte an das Management

Die Frage, wie ausführlich und in welcher Häufigkeit Berichte über den Status des Projekts an das Management geschrieben werden sollten, hängt von verschiedenen Faktoren ab:
- Vertrauen des Managements in den Projektleiter („Wenn ich nichts höre, ist alles OK!")
- Firmenkultur („Bitte alles schriftlich in dreifacher Ausfertigung!")
- Notwendigkeit, Informationen weiterzuleiten („Wenn wir nicht wissen, wo das Projekt steht, können wir nicht entscheiden, ob wir das neue Produkt auf der Messe schon ankündigen sollten!")
- Neugier („Was machen die denn da eigentlich?").

Aus diesem Grund fällt es schwer, „die beste" Berichtsform vorzugeben. Grundsätzlich empfiehlt sich jedoch, das Management nicht mit Informationen zu überfluten. Das „KISS-Prinzip" (Keep it smart and simple) sollte vom Projektleiter immer beherzigt werden. Hierbei hat sich eine komprimierte, überblicksorientierte Darstellung mit sogenannten „Ampeln" stark verbreitet (s. Abb. 52)

Als Basis für die Information an das Management nutzt der Projektleiter verschiedene Formen von Statusberichten. 2 exemplarische Beispiele veranschaulichen die Abb. 53 und 54. Die Inhalte weisen eine unterschiedliche Informationsfülle und -tiefe auf. Diese Statusberichte können natürlich auch zur Information des Projektteams eingesetzt werden, um

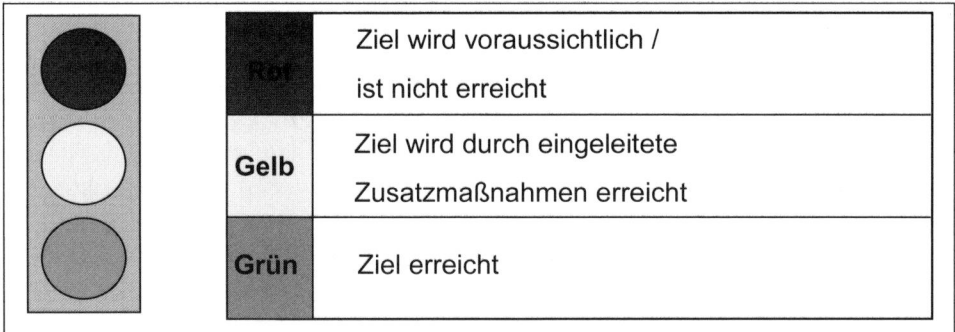

	Rot	Ziel wird voraussichtlich / ist nicht erreicht
	Gelb	Ziel wird durch eingeleitete Zusatzmaßnahmen erreicht
	Grün	Ziel erreicht

Abb. 52: Eine Ampelsystematik als Berichtsgrafik

immer einen adäquaten Überblick über die aktuellen Projektgegebenheiten in komprimierter Form zu bekommmen.

Statusbericht Nr.	Datum:	Gesamtstatus: ▮▮□▮

Projekt:

Projektnummer:	Projektleiter:	Berichtersteller:

Ergebnisstatus ▮▮□	Terminstatus ▮▮□	Aufwandsstatus ▮▮□	Kostenstatus ▮▮□▮

Aktuelles im Berichtszeitraum (Zeitraum:):

Probleme / Schwierigkeiten:

Entscheidungserfordernisse:

Bemerkungen:

Abb. 53: Projektstatusbericht – Einfache Form

125

10.   Der Projektabschluss

„Aller Anfang ist schwer" sagt ein deutsches Sprichwort, das auch im Projektalltag, und dort eben zumeist während des Projektbeginns, immer wieder zum Einsatz kommt. Aber „Ende gut, alles gut" bildet ein weiteres Motto, das nun am Abschluss eines Projektes beherzigt werden sollte.

War alles gut, damit es ein gutes Ende gibt? Genau das sollte in der Projektendphase beantwortet werden. Projekte sind gemäß unserer Definition und des Alltagerlebens in der Regel zeitlich befristete Arbeitsvorhaben. Daher ist es von großer Bedeutung, zu gegebener Zeit einen eindeutigen Schlusspunkt zu setzen und das Projekt formell und offiziell zu beenden. Nur ein definiertes Ende lässt eine konkrete und genaue Bewertung und eine entsprechende Wertschätzung des Projekterfolges zu. Eine diesbezügliche Bewertung kann sich hauptsächlich auf 4 Beurteilungsfelder konzentrieren, die über folgende Kernfragen zu beantworten sind:
1. Wurden die Zielvorgaben erreicht?
2. Wurde der Ressourcenaufwand eingehalten?
3. War das Projekt im Termin und wurden die Zeitfenster eingehalten?
4. Sind wir innerhalb des Projektkostenrahmens/-budgets geblieben?

Ergänzende Beurteilungen in der Projektabschlussphase, die mit diesen Kernfragen zusammenhängen, sind dann z. B.
• Wie zufrieden ist der Projektauftraggeber mit den Projektergebnissen und dem Projektverlauf? Warum?
• Waren die Prämissen vollständig und richtig gesetzt? Wurden diese eingehalten?
• Was waren Gründe bzw. Ursachen für das Erreichen oder Nichterreichen der gesetzten Ziele?
• Sind noch Restarbeiten für das Projekt zu erledigen? Wenn ja, welche bis wann von wem mit welchem Ergebnis?
• Was lief während des Projektes gut, was lief schlecht?
• Wie können die positiven Erfahrungen in anderen Projekten genutzt werden?
• Wie können im Projekt erlebte Missstände reduziert oder vermieden werden?
• Wie war das Zusammenwirken im Projektteam?

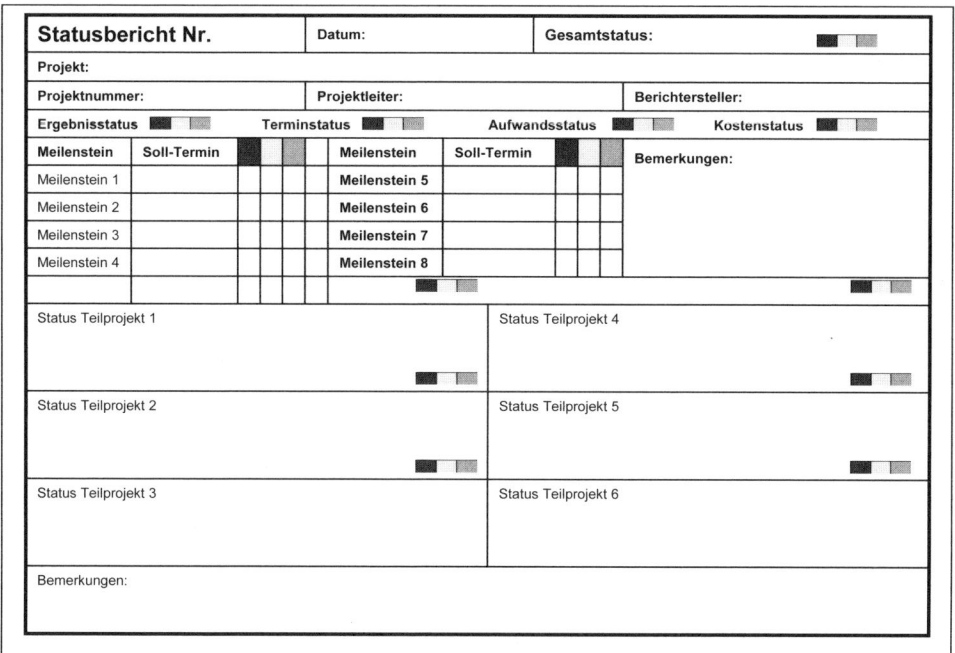

Statusbericht Nr.		Datum:		Gesamtstatus:		
Projekt:						
Projektnummer:		**Projektleiter:**		**Berichtersteller:**		
Ergebnisstatus		**Terminstatus**		**Aufwandsstatus**		**Kostenstatus**

Meilenstein	Soll-Termin			Meilenstein	Soll-Termin			Bemerkungen:
Meilenstein 1				Meilenstein 5				
Meilenstein 2				Meilenstein 6				
Meilenstein 3				Meilenstein 7				
Meilenstein 4				Meilenstein 8				

Status Teilprojekt 1	Status Teilprojekt 4
Status Teilprojekt 2	Status Teilprojekt 5
Status Teilprojekt 3	Status Teilprojekt 6
Bemerkungen:	

Abb. 54: Projektstatusbericht – Ausführliche Form

- Welche Stimmung und welche Einstellungen herrschten im Projektteam?
- Wie gestaltete sich die Zusammenarbeit des Projektteams mit den Projektbetroffenen im eigenen Unternehmen und/oder mit anderen Unternehmen (z. B. Geschäftseinheiten, Abteilungen, Funktionen, Lieferanten, Kunden etc.)?
- Sind die wichtigen und/oder relevanten Erkenntnisse und Erfahrungen dokumentiert?
- Wer benötigt welche Projektdokumentation?
- In welcher Form sollen die Projektdokumentationen wem zur Verfügung gestellt werden?
- Erfolgt eine Entlastung des Projektleiters und des Projektteams durch den Auftraggeber? Wann und wie?
- Gibt es generelle Verbesserungsvorschläge für zukünftige Projekte?
- Sind Anschlussmaßnahmen an das Projekt vonnöten? Welche?

- Wer zeichnet verantwortlich für den Übergang des Projektes in die Linienorganisation bzw. in den Unternehmensalltag? Wie? Wer macht dann was bis wann?
- Ist eine Würdigung der Projektteammitglieder vorgesehen? Wenn ja, wie?

Diese Fragen sind sowohl an Projektmitglieder und teilweise auch an Projektbetroffene zu stellen. Ob und welche Fragen für ein Projekt relevant und/oder wichtig sind, liegt am Interessegrad, Integrations- und Betroffenheitsgrad der unterschiedlichen Projektgremien (z. B. Projektauftraggeber, Lenkungsausschuss, Projektleiter, Projektbeteiligte) und des Projektumfeldes (z. B. Geschäftsbereiche oder Abteilungen, externe Unternehmen wie Lieferanten etc.).

Die jeweils ausgewählten Fragen sind zwingend zu beantworten. Ein ideales Forum für die Projektbeteiligten bzw. das Projektteam bildet dazu ein sog. **Projektabschluss-Workshop**. Im Vorfeld des Workshops können bereits Meinungen, Einstellungen und Beurteilungen aus dem Projektumfeld über persönliche Interviews oder eine schriftliche Befragung eingeholt werden, deren Ergebnisse dann im Abschlussworkshop präsentiert und erörtert werden können. Im Workshop selbst verarbeitet das Projektteam die eigenen Ergebnisse und Einschätzungen des Projektes.

Die projektbezogenen Inhalte bzw. Antworten auf die jeweiligen Fragen sind in Form eines Abschlussberichtes zusammen zu stellen und auch in einer Projektabschlusssitzung, zu der auch der Auftraggeber und der Lenkungsausschuss zugegen sind, zu präsentieren.

Der vom Projektleiter anzufertigende Abschlussbericht sollte z. B. folgende Punkte beinhalten:
- Liste der noch offenen Punkte
- Wer übernimmt die Serienbetreuung bzw. die Klärung der noch offenen Punkte?
- Wo wird die Projektdokumentation nach Projektende abgelegt?
- Erfahrungsbericht mit den Fragen:
  - Was ist in diesem Projekt gut gelaufen?
  - Was ist in diesem Projekt schlecht gelaufen?
  - Was hätten wir anders machen sollen?
  - Was sollte in zukünftigen Projekten berücksichtigt werden?
  - Was haben wir aus diesem Projekt gelernt?

Der Projektabschlussbericht dient so als eine komprimierte, schriftliche Zusammenfassung der Projektresultate sowie der im Rahmen des Projektes gemachten Erfahrungen und gewonnenen Erkenntnisse. Ein Beispiel eines Projektabschlussberichtsformulars zeigt Abb. 55.

Projektabschlussbericht	Datum:		
Projekt:			
Lenkungsausschuss:			
Projektleiter:			
Projektteam:			
Termine — Plantermin:	Ist-Termin:	Generaleinschätzung: -	
Aufwand — Planaufwand:	Ist-Aufwand:	-	
Kosten — Plan-Kosten:	Ist-Kosten:	-	

Angestrebte Projektziele	Erreicht	Differenz (+/-)	Abweichungsursachen
PZ 1:	Ja o Nein o	_____	PZ 1:
PZ 2:	Ja o Nein o	_____	PZ 2:
PZ 3:	Ja o Nein o	_____	PZ 3:
PZ 4:	Ja o Nein o	_____	PZ 4:
PZ 5:	Ja o Nein o	_____	PZ 5:

Probleme / Hindernisse im Projekt	Abstell-/Vorbeugungsmaßnahmen
Rest-/Abschlussarbeiten	
Anschluss-/Übergabemaßnahmen	
Wichtige Erfahrungen und Erkenntnisse	
Verbesserungsoptionen und -aktivitäten für zukünftige Projekte	
Unterschrift Projektleitung	Unterschrift Auftraggeber

Abb. 55: Ein Projektabschlussberichtsformulars

Wie man sieht, eignet sich dieses Formular lediglich für eine sehr komprimierte Darstellung der wichtigsten Projektgegebenheiten. Der sich daran anschließende Abschlussbericht selbst stellt einzelne Sachverhalte, die eine mittlere bis hohe Relevanz und Wichtigkeit haben, in etwas ausführlicher Form dar. Seitenumfänge des gesamten Abschlussberichtes von 20–200 Seiten sind eigentlich die Regel. Der Umfang gestaltet sich dabei zumeist in Abhängigkeit der Größe, Komplexität und Zielsystem des Projekt-vorhabens als auch dessen Wirkung für das Unternehmen und orientiert sich am konkreten Informationsbedürfnis und -bedarf einflussstarker anderer Personen oder Gremien (z. B. Auftraggeber, Stakeholder wie Eigentümer, Mitgesellschafter, Beiräte etc.).

Wie in Abb. 55 zu ersehen ist, werden neben den organisatorischen und administrativen Projektstammdaten weitere Informationen veranschaulicht wie z. B. Plan- und Ist-Daten, Differenzen und Abweichungsursachen inkl. Problemen und Hindernissen, noch ausstehende Restarbeiten, Anschluss-/Übergabemaßnahmen, wichtige Erfahrungen und Erkenntnisse als auch Verbesserungsoptionen und -aktivitäten für zukünftige Projekte. Der Projektbericht schließt mit den Unterschriften der Projektleitung und der des Auftraggebers.

Unabdingbar ist die Vorstellung und Erörterung der wichtigsten Projektsachverhalte in einer **Projektabschlusspräsentation**. In diesem Rahmen werden diese dem Auftraggeber bzw. dem Nutzer und dem Lenkungsausschuss vorgestellt und übergeben. Es ist zwingend die Rückmeldung einzuholen, inwieweit das Ergebnis den Erwartungen entspricht.

Außerdem ist abzusichern, wie der Übergang des Projektes in die Regelorganisation des Unternehmens erfolgen soll. Projektergebnisse haben immer Auswirkungen auf die bisherige Unternehmensorganisation, auch wenn diese z. T. sehr unterschiedlich ausfallen.

Des Weiteren hat innerhalb der Finalsitzung die Würdigung der Projektgruppenarbeit bzw. des Projektteams durch den Auftraggeber zu erfolgen. Belobigungen, Auszeichnungen oder (nicht-monetäre oder monetäre) Belohnungen sind hier immer wieder gern genutzte Möglichkeiten, seine Anerkennung für die erbrachte Leistung auszudrücken.

Auch Incentives oder ein gemeinsamer Abschlussevent für das Projektteam bilden geeignete Optionen, die Wertschätzung gegenüber den Projektbeteiligten und deren Wirken im Projektteam zum Ausdruck zu bringen. Außerdem besteht die Chance, den Projektteamzusammenhalt und den erlebten Teamgeist in Form eines Höhepunktes nochmals zu erfahren und das erfolgreiche Projekt, das erst durch die beteiligten Menschen möglich wurde, als auch sich selbst zu feiern. Das macht Freude, erzeugt Stolz und stärkt das Selbstvertrauen in die eigene Leistungsstärke und Kompetenz Einzelner wie auch der Projektarbeitsgruppe.

Und es fundiert eine Basis für zukünftig anstehende Vorhaben, in denen die Erfahrungen und Erkenntnisse des Projektteams entweder durch erneute Mitwirkung oder durch die Zurverfügungstellung von Informationen dem neuen Projekt zugute kommen können. Insgesamt geht ein Team, das ein – gerade auch schwieriges – Projekt erfolgreich bewältigt hat, gestärkt aus diesem Projekt hervor und kehrt mit positiver Motivation in den klassischen Unternehmensalltag und das persönliche Arbeitsumfeld zurück.

Den eigentlichen Abschluss eines Projektes sollte die offizielle Auflösung der Projektgruppe durch den Auftraggeber bilden. Das kann in schriftlicher (persönlicher Brief, eMail etc.) oder persönlicher Form (z. B. durch Einladung zum Abendessen oder zur Geschäftsleitungs-/Führungskreissitzung) erfolgen. Hierzu wird meist der Projektleiter herangezogen, der stellvertretend für das ganze Team, nach Beendigung des Projektes informiert wird.

11.   Erfolgskriterien für das Projektmanagement im Einkauf

Erst wenn Projektmanagement eine gewisse Ganzheitlichkeit aufweist und eine gewisse Symbiose mit dem Unternehmen vorhanden ist, ist die Grundlage des Erfolges gelegt. Nun existieren hier unzählige Ansichten in der Praxis, was die betreffenden Erfolgskriterien des Projektmanagements sind. Wir können hier auch nur einen komprimierten Einblick in unsere Sichtweise geben, die wir aus der in der Praxis erworbenen Erfahrung gewonnen haben. Die kommende Aufstellung stellt keinen Vollständigkeitsanspruch, aber erlaubt einen Überblick über zumindest 10 Erfolgskriterien, zu denen folgende gehören:

1. Vorhaben mit Projektcharakter
Nicht jedes Vorhaben, das heutzutage in Projekten angegangen bzw. abgewickelt wird, ist eines Projektes würdig. Wählen Sie projektrelevante Vorhaben mit Hilfe eines sorgfältigen Prozesses mit den Schritten Projektidentifizierung, Projekteignungsauswahl, Projektpriorisierung und Projektentscheidung aus.

Nutzen Sie hierzu spezifische und beschriebene Kriterien, die klar und deutlich Art und Typus eines Projektvorhabens differenzieren können, die anzeigen, was für Ihr Unternehmen überhaupt ein Projekt ist und die das jeweilige Vorhaben als Projekt charakterisieren können.

2. Der Projektauftrag
Achten Sie auf einen eindeutigen Projektauftrag. Er stellt die Ausgangsbasis für das gesamte Projekt dar. Dieser ist durch den Auftraggeber bzw. den Projektinitiator grundlegend vorzugeben und durch den Projektleiter ausreichend auszuformulieren und zu konkretisieren. Zur Konkretisierung gehören messbare Projektkernziele bzw. erwartete Ergebnisse und eine transparente Erfassung und Abgrenzung der Rahmenbedingungen des Projekts (Hauptaufgaben, Kosten und Ressourcen etc.). Dies ist alles in einem Projektauftrag klar und eindeutig dokumentiert. Allen Projektbeteiligten hat klar zu sein, was zum Projekt gehört und was nicht (Ziele und Nicht-Ziele/sachbezogene Inhalte). Es muss ein von den Projektträgern und -veranlassern freigegebener und unterzeichneter Projektauftrag vorliegen.

3. Die Projektorganisation

Achten sie auf eine strukturell saubere Projektorganisation, die sich von der Linienorganisation eindeutig abgrenzen lässt. So sollte z. B. das Projektteam (Leiter und Mitarbeiter) in ausreichendem Maße von der Linientätigkeit freigestellt werden oder es sind zumindest Zeitfenster zu gewährleisten, um das Projekt zielgerecht durchführen zu können. Es ist eine erkennbare Trennung des Projektgeschäftes zum Alltagsgeschäft auch deshalb zu schaffen, damit das Projekt – außerhalb des Tagesgeschäftes – z. B. die Aufmerksamkeit, die Zeit und die (Personal-/Finanz-)Ressourcen bekommt, die es benötigt.

Die Grundsätze der Zusammenarbeit zwischen Projekt und Linie sind klar zu definieren.

Organisatorisch sind die Aufgaben, Verantwortungen und Rollen der verschiedenen Projektgremien genauestens festzulegen und den unterschiedlichen Projektvertretern deutlich zu machen. Jeder in den Projektgremien, egal ob Projektleiter, Projektbeteiligter im Team oder andere Personen wie Institutionen, sollte wissen, welche Pflichten, aber auch welche Rechte er im Projekt hat. Dazu gehört die Klärung, wer mit wem in Beziehung steht und wie dieses gegenseitige Abhängigkeits-/Arbeitsverhältnis zu gestalten ist. Ordnung ist gerade in organisatorischen Aspekten von grundlegender Bedeutung.

4. Der Projektleiter

Eine elementare Funktion nimmt der Projektleiter im gesamten Projekt wahr. Er ist der projektbezogene Orientierungsmittelpunkt und die Identifikationsfigur für alle Beteiligten, Betroffenen und Interessierten. Er steht als Kopf und Macher für das Projekt und verfügt über die dazu notwendigen Kompetenzen (fachlich, methodisch, sozial, persönlich). Neben diesem Kompetenzspektrum weist er ein starkes Netzwerk(verhalten) auf, hat Beziehungen oder ist in der Lage, schnell gute Beziehungen aufzubauen und zu pflegen.

5. Das Projektteam

Das Projektteam ist der Realisierungsmotor des Projektes, das Konzept- und Umsetzungskompetenz und eine gewisse Durchsetzungsstärke aufzuweisen hat. Je nach anstehendem Aufgabenkomplex ist das Projektteam mit einer Mischung unterschiedlicher Fachdisziplinen aus dem eigenen Unternehmen zu besetzen, wenn nötig unter Einbindung externer Kräfte von Kunden, Lieferanten oder von anderen Dienstleistern wie Beratern etc. Nutzen sie interne und externe Ressourcen, um mit ganzheitlichem, bereichsübergreifenden Denken die Projektanforderungen besser und schneller erfüllen zu können. Versuchen Sie, engagierte und für die Aufgabenstellung des Projektes als auch persönlich motivierte Mitglieder in den Kreis des Projektteams aufzunehmen und deren Wirkungskräfte zu nutzen.

6. Die Projektunterstützung

Achten Sie im Vorfeld bzw. bereits bei der Projektinitiierung auf die notwendige Projektunterstützung. Das durchzuführende Projekt bedarf dabei neben dem personellen bzw. materiellen Support auch der ideellen Unterstützung durch den Auftraggeber (Unternehmensleitung, Vorgesetzte) im Sinne von Akzeptanz, Energie, Rückendeckung und Wertschätzung. Es ist immer geschickt, sich diese Unterstützung in Form von Fach-, Macht-, Methoden- und Sozialpromotoren zu sichern, die das Projekt gut heißen (könnten), ein (persönliches) Interesse daran haben, das Projekt mit vorantreiben (als Pusher), es schützen (als Projektguard), mit ihrer Beziehungsnetzwerk Verbindungen und Entscheidung(sbeeinflussung)en sichern oder fördern und insgesamt positiv zum Projekt beitragen können. Durch die Einbindung verschiedener Kräfte bewegt sich das Projekt in einem geschützteren und tragendem Rahmen und gewinnt zumeist an Interesse, Durchschlagskraft und Erfolgswahrscheinlichkeit.

Bei den Fachpromotoren finden Sie immer das benötigte Fachwissen für die im Projekt zu bewerkstelligenden Aufgaben und zur fachlichen Lösung der Herauforderungen. Die Machtpromotoren gewährleisten die hierarchische und mentale Macht, um das Projekt entscheidend mit zu beeinflussen, es in Entscheidungs- und Führungskreisen zu tragen und zu vertreten, gewisse Sachverhalte in Schwung zu halten und ggf. Sachverhalte mit Entscheidungsdruck gegenüber opponierenden oder abwartenden Kräften aufgrund ihrer Machtposition durchzusetzen. Die Methodenpromotoren bringen mit ihrer jeweiligen Methodenkompetenz das spezifische Projektmanagement-Know-how ein, mit dem effektive und effizient die Projektgestaltung vorangetrieben und zu einem erfolgreichen Abschluss gebracht werden kann. Sozialpromotoren stellen Personen mit großer persönlicher Akzeptanz, guten bis hervorragenden Beziehungen und einem hohen informellen Einfluss innerhalb des Unternehmens dar.

Letztere können so z. B. auch für einen kommunikativen und von Zufriedenheit geprägten Verlauf des Projektes sorgen und eine positive Positionierung, Anerkennung, Wahrnehmung und Beurteilung des Projektes fördern.

7. Das ganzheitliche Management des Projektes

Alle Phasen eines Projektes sind sauber, strukturiert und systematisch zu durchlaufen – von der Vorbereitung über die Planung, von der Durchführung bis zur Kontrolle. Alle notwendigen Methoden und Instrumente des Projektmanagements sind hierbei fachlich sauber einzusetzen und anzuwenden. Interdependenzen im Projekt als auch mit anderen Unternehmens-/Marktgegebenheiten sollten erwogen und berücksichtigt werden, um nicht vom Projektumfeld negativ beeinflusst zu werden. Innen und außen sind eins oder sind zu einer Einheit zu verschmelzen. Ein sauberer Projekteinstieg, das phasenweise Vorgehen, die Strukturierung der gesamten Aufgabenstellung in Teilprojekte bzw. Teilaufgaben und Arbeitspakete, kontinuierliche Status- und Teambesprechungen, eine systematische Ergebnisverfolgung auf Basis einer kontinuierlichen Überprüfung des Projektfortschrittes und eine umfassende Informationsversorgung sind beispielhafte Gestaltungsfelder des o. g. ganzheitlichen Managements. Der Einsatz und vor allem die Dimensionierung des Projektmanagements richten sich strikt nach der Projektgegebenheit (z. B. nach der Schwierigkeit und Komplexität der Aufgabenstellung und der Projektrahmenbedingungen im Unternehmen und/oder in den Märkten), nach Art und Umfang des Projektes und nach dessen Wirkkraft und Bedeutung für die Zukunft des Unternehmens aus.

8. Projektinformationen höchster Aktualität und Vollständigkeit

Zur Bewerkstelligung eines projektbezogenen Informationsflusses gehören die Sammlung und Dokumentation von Informationen. Diese Informationen sind stets auf dem erforderlichen Aktualitätsstand zu halten und in ausreichender Form zur Verfügung zu stellen. Klare Informations- und Dokumentations- sowie Berichtsregeln als auch der Einsatz entsprechender Instrumente sichern einen entsprechenden Projektinformationsbackground, mit dem z. B. sowohl der jeweilige Projektstatus festgestellt werden kann, aber auch auftragsbezogen genauere Entscheidungen veranlasst und getroffen werden können. Frühzeitige(re) Aktionen und Reaktionen in Form von effektiven Maßnahmen können so wirkungsvoller zum

Tragen kommen. Die Projektinformation ist eine der wichtigsten Ressourcen im Projekt.

9. Kontinuierliche und offene Projektkommunikation

Die Kommunikation innerhalb des Projektes als auch über das Projekt hinaus bildet die Basis für Verständigung und Verstehen des gesamten Ziel-, Aufgaben- und Wirkkomplexes. Kommunikationseinheiten, -treffen und -medien und -mittel sind gezielt – innerhalb und/oder über das Unternehmen hinaus – einzusetzen. Projektarbeit findet doch immer in Organisationen und ihrem Umfeld statt. In diesen Organisationen und ihrem Umfeld leben und arbeiten Menschen. Die geleistete Arbeit, insbesondere die Projektarbeit, ist nur so gut, wie diese Menschen es verstehen zu kommunizieren und wie sie in der Lage sind, zusammenzuwirken und ihre Fähigkeiten ergänzen. „Tue Gutes und rede darüber" findet als Motto genau im Projekt fruchtbaren Boden. Diskussion und Austausch sichern eine besseres Verstehen und Verständnis für die Projektbelange bei den unterschiedlichen Interessens- und Anspruchsgruppen des Projektes und bilden ein mögliches Fundament für die gemeinsame Verfolgung der Projektziele und der damit verbundenen Beiträge zu den Unternehmenszielen. Dem persönlichen Dialog (im Gespräch, am Telefon) ist der Vorzug gegenüber der modernen Kommunikation (eMail, X-Net-Tools etc.) zu geben.

10. Unternehmenskulturelle Basis

Projekte sind schwierig, schlecht oder nicht berechenbar, ändern sich fast immer und stetig, stellen nicht bekannte Herausforderungen dar, haben Auswirkungen auf das Unternehmen, die Funktionen und auf die Menschen, kosten Geld, verbrauchen Ressourcen, und und und. Um diesem gefährlichen Projektsystem gewachsen zu sein, bedarf es einer Kultur im Unternehmen, die bestimmte Kernelemente beinhalten bzw. ermöglichen sollte. Die Kultur fordert und fördert z. B. die Möglichkeit zu Kreativität, Problembewusstsein, konstruktiver Konfliktbewältigung, Kooperation anstatt Konfrontation, offener und direkter Kommunikation, Identifikation, Initiative, Motivation, Risiko- und Veränderungsbereitschaft und Vertrauen. Sie gibt Freiräume, lässt zu und definiert aber auch Leitlinien der Ausrichtung und Orientierung für Denken und Handeln der Mitarbeiter, der Zusammenarbeit mit externen Organisationen und Menschen und dem Verhalten gegenüber dem Unternehmensumfeld.

Gefördert werden kann diese Kultur durch entsprechendes Führungs- und Arbeitsverhalten, geeignete Rahmenbedingungen für das tägliche Mit- und Füreinander Im Unternehmen, in Geschäftsbeziehungen oder in Projekten, eine einheitlich festgelegte und gelebte Projektmanagement-methodik, umfassende und gezielte (Selbst-)Qualifikation und stetiges Lernen z. B. über bedarfsgerechte Schulungsmaßnahmen, leistungs- und erfolgsorientierte Entlohnungssysteme und Vieles mehr.

Ziel eines jeden Unternehmens sollte es sein, eine Kultur zu entwickeln, in der das Individuum Mensch Entfaltungsmöglichkeiten hat und seine Potenziale und Ressourcen zur Erreichung von Unternehmens- und persönlichen Zielen aber eben auch für Projektaufgaben einbringen kann, darf und will.

Abbildungsverzeichnis

Abb.-Nr.	Abbildungstitel	Seite

Abkürzungsverzeichnis

Abb.	Abbildung
AG	Auftraggeber
AKV-Matrix	Aufgaben-Kommunikations-Verantwortungs-Matrix
AP	Arbeitspakete
bspw.	beispielsweise
CRM	Customer Relationship Management (= Kundenbeziehungsmanagement)
ERP	Enterprise Resource Planning
etc.	et cetera (= und so weiter)
f.	folgende
ggf.	gegebenenfalls
IMV-Matrix	Informations-Mitarbeits-Verantwortungs-Matrix
Kap.	Kapitel
KISS	Keep it smart and simple
LA	Lenkungsausschuss (= Steuergremium im Projekt)
LOP	Liste offener Punkte
o.ä.	oder ähnliche
o. g.	oben genannt
PA	Projektauftrag
PAP	Projektablaufplan
PKO	Projekt-Kick-off
PL	Projektleiter oder Projektleitung
PM	Projektmanagement
PSP	Projektstrukturplan
PT	Projektteam
PTM	Projektteammitglied(er)
PUMA	Projektumfeldanalyse
PZS	Projektzielsystem
ROSE	Return on Supply Excellence
s.	siehe
SC	Supply Chain
SCM	Supply Chain Management
sog.	sogenannte
SOP	Start of Production
SRM	Supplier Relationship Management (= Lieferantenbeziehungsmanagement)

SULA	Supply Level Agreements
u. a.	und andere
u.g.	unten genannt
usw.	und so weiter
vgl.	vergleiche
z. B.	zum Beispiel

Literaturhinweise und -anregungen

De Marco, T.	Der Termin – Ein Roman über Projektmanagement, Hanser Verlag, 2007
Kraus, G.	Mit Projektmanagement zum Erfolg. Ein kleines Handbuch für Berater, RKW-Verlag, 2001
Kraus, G./Westermann, R.	Projektmanagement mit System – Organisation, Methoden, Steuerung, 3. Auflage, Gabler Verlag, 1998
Peipe, S.	Crashkurs Projektmanagement, 2. Auflage, Rudolf Haufe-Verlag, 2005
Rehn-Göstenmeier, G.	Projektmanagement mit Microsoft Project – Termine, Kosten & Ressourcen im Griff, Vmi Verlag, 2005
Streich, R. K./Marquardt, M./ Sanden, H. (Hrsg.)	Projektmanagement – Prozesse und Praxisfelder, Schäffer-Poeschel-Verlag, 1996
Schels, I.	Projektmanagement mit Excel – Projekte budgetieren, planen und steuern, Addison-Wesley Verlag, 2005
Stumbries, St./Kraus, G.	Projektleiter mit Profil – Qualifizierung durch Methode Projektmanagement, L + H Verlag, 1994
Tumuscheit, Kl. D.	Erste-Hilfe-Koffer für Projekte – 33 Lösungen für die häufigsten Probleme, Orell Füssli Verlag, 2004